尋味咖啡

跟著杯測師認識咖啡
找到最對味的咖啡
36味

王人傑——著
鳴草咖啡創辦人

記得因為首本的咖啡書出版而來到宜蘭的鳴草咖啡，第一次接觸到大家稱呼為草闆的人傑，那次訪談我們喝著咖啡也聊著生活態度，整理書稿的時候我寫下了這句，「年輕的草闆，有著不凡與自由的老靈魂。」

在拜讀完這本人傑的新書《尋味咖啡》，從字裡行間裡再一次感受到那位有著不凡與自由的老靈魂在對我說話，用他專業的理論與基礎，深入淺出地傳達對咖啡抱持著自由與開放的態度。

尤其在品咖啡與感官的部分，人傑花了很大的篇幅，試圖讓讀者了解，「學習喝咖啡不只要向外探索，分辨咖啡的差異，也是一種向內認識自己的旅程。」這是市面上大多數的專業咖啡書籍較少著墨的，卻是喝咖啡最大的樂趣。

——咖啡因的地圖／ELSA

市面上不乏咖啡書籍。

一路專攻咖啡：早年多是職人的開店與技術教學、近年則新興科學研究解析風潮，族群設定偏向從業人員或是玩家；另一路則以咖啡館為主：跨旅遊、風格、設計領域，或是更深刻地探討故事人情、歷史，得窺人文精神。

本書談的是專業咖啡，但企圖改從一般人的觀點切入，一如本書三大章節「品、選、煮」的順序，正是我們每個人從飲用、消費、進而玩咖啡的認識路徑。

一種兼具人文精神與技術專業的新型咖啡書寫正在誕生。

——Aura微光咖啡負責人／余知奇

第一次見到人傑，並不是在店內吧檯或咖啡桌上，而是某座淺山森林裡。當時我正經營一間早餐咖啡館，人傑則在中部某知名自烘店擔任烘豆師，喜愛自然山林的我們因緣際會碰到了一塊兒。同樣在咖啡領域努力，人傑很快便展現出他在味覺上的敏銳細膩，以及對於沖煮表現和咖啡烘焙的熱情，他的咖啡有種說不出來的黏人感，像是森林中埋藏在落葉下的黑土一般。

一位山林咖啡師會怎麼談論咖啡呢？我期待著。

——山屋野事主人／李明峰

認識人傑是在一個很特別的咖啡分享活動的場合，當時與他的互動就感受到他對於咖啡的熱情，跟我認識的年輕人其實有很大的不同，之後去拜訪了他建構起的咖啡館，更確定了他心中有著對咖啡產業強烈而獨特的熱情。

在咖啡浪潮的推動下，現今的咖啡產業不斷的在變化進化，咖啡越來越進入大家的生活當中，許多觀點都不斷在更新、推翻、改變，所以如何用消費者更容易理解的方式去愛上咖啡，我認為這才是最好的推廣模式，人傑用他特別的方式在書裡面完全的呈現出來，所以，我相信當所有想要開始接觸咖啡、了解咖啡的人，都可以藉由這本書，而得到一個特有的咖啡熱情與知識。

——GABEE.創辦人／林東源

咖啡的品飲能力和沖煮技術均介於科學與藝術之間，其神祕又迷人的龐大知識讓愛好者們深深著迷不可自拔，因為知識而更懂品飲，因為品飲而更懂沖煮，是精品咖啡的獨特韻味。人傑此書從品飲入手，延伸到咖啡知識、沖煮觀念，並以咖啡業界的現況和群眾的誤區佐證，為精品咖啡的學習者提供了難度適中的尋味架構，同時不忘時時提醒：以自身經驗為本的品飲心法，可說是中肯而切合實際，深得我心。

——vvcafe精品咖啡資訊／陳冠哲（學長）

近十年來世界精品咖啡在全球快速的成長，品味好咖啡提升了咖啡藝術文化的形成，越來越多的愛好者都已開始追求世界各國更高等級的精製咖啡豆及知識與技能。

王人傑老師多年來致力於推廣精品咖啡，與咖啡愛好者交流精品咖啡與義大利咖啡的知識與技術，創造出優質的品味文化為推廣的目標。王人傑老師把多年學習與觀察到一杯咖啡的感動與祕密，無私的撰寫出包含感官、品味、認識咖啡風味、現今的義式咖啡、精品與單品的差異及咖啡知識與沖泡技術，淺顯易懂的專業書籍，為咖啡愛好者提供了更多不同的認知，相信本書能獻給讀者對品味咖啡有不同視野外並提升消費者對更多品味上的認知。

——棨楊餐飲 J.Coffee School 創辦人／甄啓強Johnson

（以上推薦文依姓氏筆劃順序排列）

第2篇 選咖啡

第 **3** 篇　**煮咖啡**

享受一杯有靈魂的咖啡，從品味開始

用咖啡推開品味的大門

直到現在，我都還記得頭一次喝到「真正的咖啡」帶給我的震撼。在喝下去的那一刻讓我感覺到：「這真的是咖啡嗎？」喝過以後我才知道，在那之前其實我並不認識咖啡。以前我覺得咖啡就是有「咖啡味」的飲料，如果要我去形容它，頂多只能用「很濃郁！」或者「好香的咖啡香」來表達。這杯咖啡打破我對咖啡固有的認識，意外地發現自己在味覺的經驗是多麼的匱乏，因為它遠不止於「咖啡味」。一連串的驚訝都從這杯咖啡開始。

我發現咖啡雖然很貼近我們的生活，但似乎大家也只停留在「咖啡就是咖啡味啊！」的狀態。因為大部分喝咖啡的人都是為了相同的目的喝咖啡——提神消除疲勞，如果只是為了提神，其實並不會關心口中的味道。會不會是因為從來我們只懂牛飲，所以才會覺得咖啡只有「咖啡味」？我們並沒有想過要從「品味」的心情去感覺咖啡？這些年咖啡教會我——除了提神的功能之外，咖啡還能成為生活美學的一部分，幫助我們拓展我們的品味。

什麼是品味呢？好像是一個很抽象的觀念？一般人或許認為品味就是用很多錢買昂貴的「品牌」，來彰顯自己的身分與生活的品質。但選擇高級的品牌就會有品味嗎？如果我們去看一些經濟發展中的國家，比如早些年的台灣、近年的中國，就會看到不少有錢的富豪努力學習有品味。這些人花著大筆的財富，買最好的車，請最享譽世界的大師設計房子，生活的食衣住行都是高檔的物質水平，他們透過這樣的方式想要培養品味，也希望藉由這些「高、大、上」氣派的物件，讓別人覺得他們是有品味的族群。

我聽過在販售台灣茶葉的商店裡，這些人走進去，劈頭就說：「把你們最貴的茶葉拿出來！」也不太關心茶葉的產地、製作的工序，他們會覺得喝的起最頂級的茶葉才能稱為品味。一樣的情形回到咖啡的世界，如果一個人喝了很多的咖啡，甚至把世界最昂貴的咖啡當水在喝，是不是這樣就算得上懂品味咖啡呢？

遺憾的是這些都不能算得上品味，因為真正的品味只能透過自己獨立思考所產生的。所有昂貴的商品都是由他人來制定價格，如果只是依照商品的價格來判別它的價值的話，這樣的品味永遠是隨波逐流，變成「一窩蜂式」或者「炫富型」的消費。

盲目的消費方式會帶來什麼結果呢？在咖啡的歷史中有名的「夏威夷Kona咖啡造假事件」就是一個例子。以前，像「藍山咖啡」、「夏威夷可娜」、「聖海倫納咖啡」都是頂級咖啡的代名詞，凡是一個對咖啡有些了解的人都會以喝到這些咖啡而感到驕傲。然而當越來越多人喜歡咖啡之後，這些頂級咖啡就因為成了「有品味的代表」而變得奇貨可居。人們想要藉由喝頂級咖啡，來彰現出自己的品味，只要市場有需求，商人就像千里外嗅到血腥的鯊魚聚攏過來。然而，當產量無法消化日漸膨脹的市場需求，於是，就有業者選擇鋌而走險，把來自中南美洲的平價咖啡混入了高級的「Kona」咖啡裡頭，用「Kona」咖啡的名義販售給消費者。當然，事情總有東窗事發的一天，販售這些假「Kona」的業者被判了刑期，當然罪有應得，但最無辜的莫過於被矇在鼓底的消費者，以及認真種植的農民。夏威夷「Kona」從此蒙上了一層陰霾，再怎麼去洗白都無法擺脫「造假」的不良紀錄。

品味的真諦

濫竽充數的情況不時發生在我們的面前，在台灣我們一樣碰到「掛羊頭賣狗肉」的事情。事實上，我們不可能遏止商場上的利慾薰心，但是擁有品味，代表你能在一定程度上避免遇到這樣的情形發生在自己身上。有品味不代表你都固執己見不聽別人的說法，而是你真的知道什麼是好的？什麼是不好的？不會因為大家都說好，你就覺得很好。

真正的品味是回來做自己，為自己做決定，找到最符合自己的食、衣、住、行。當我們說：「這個人住得很有品味。」意思不會是這個人是住在豪宅，所有室內的裝潢都是請最有名的設計師，而是這個人對自己的生活品質有要求。他或許喜歡多一點的自然元素，所以選擇了比較多的木頭家具；他也可能喜歡比較現代感的空間，所以選擇了大理石的地板或桌子。我們不會覺得，住在木頭家具比較多的房子的主人，比住在大理石家具比較多的主人來的有品味。這兩種選擇都代表了一種品味，一種對自己生活的思考與價值判斷。

一個人穿的有品味，有沒有可能全身沒有一件名牌？這是有可能的。他或許喜歡戶外運動，所以在衣物的選擇上喜歡通風的棉麻製品，他或許喜歡簡單，所以都穿比較樸素。品味也包含了合適性的問題，比方說在南島海洋的達悟族，因為時常要下海的關係，所以在民族的服飾上都是剪裁比較少的短褲、丁字褲，你會覺得在蘭嶼穿著亞曼尼的長袖西裝是一件有品味的事情嗎？

怎樣算得上喝咖啡很有品味？我們可能覺得沖煮比賽裡面的第一名很會煮咖啡，烘豆比賽的第一名很會烘咖啡，那怎樣的人在我們面前，我們會覺得這個人很會喝咖啡？是能夠喝出很多種咖啡差異的人嗎？還是能夠精準評斷咖啡價值進而知道它的價格的人嗎？我覺得這些答案都對但都不是最完整的

答案。能夠分辨差異、好壞，當然是品味的重要構成條件，但是不要忘記，品味是針對每一個活生生的人，每個獨立的個體。品味的建立，你會先學習辨別客觀上的差別，接著你會融入你個人的思考與判斷，最後產生了一種選擇。這每一個環節都有達到，才算得上喝咖啡有品味。

這就代表不是只有喝藝伎咖啡才叫有品味，喝曼特寧一樣可以有品味啊！品味沒有標準答案，每一種選擇都代表了一種品味。藝伎咖啡可能在價格上高出曼特寧很多倍，但是有些味道跟口感可能只存在在曼特寧的咖啡裡，如果我喜歡這些特定的風味跟口感要勝過藝伎，那我為什麼一定要隨眾人喜歡藝伎不可？學習喝咖啡不只要向外探索，分辨咖啡的差異，也是一種向內認識自己的旅程，除了一點一滴逐步累積味覺的經驗里程數，也同時問自己喜歡什麼？為什麼喜歡？

蔣勳在其著作《感覺十書》曾經寫過：「一首樂曲、一首詩、一部小說、一齣戲劇、一張畫，像是不斷剝開的洋蔥，一層一層打開我們的視覺、聽覺，打開我們眼、耳、鼻、舌、身的全部感官記憶，打開我們生命裡全部的心靈經驗。」品味咖啡的過程似乎也是這樣，我覺得真正的咖啡，是有靈魂的。如果你能用心感受，咖啡會幫助你啟動感官，讓我們與世界一方的土地產生連結。就像最好的品酒師可以聽到紅酒所吐露的祕密，能夠在盲飲的情況下分辨葡萄的品種、生長的年份、採收的季節，生長的地方是面向陽光或者背向陽光。一杯咖啡也可以讓我們知道他是從哪裡來？長在什麼樣的土壤上？在什麼樣的氣候下生長？有沒有被好好的照顧？是不是烘焙得宜？

真正的咖啡帶有生命，會有自己的個性，不僅會因為產地而產生不同，也會反應每一年生長環境氣候的改變。其實，只要是從土壤長出來的食物經過天地長養，都會忠實地呈現出應有的風土特色（Terrior），葡萄酒如是；茶如是；咖啡亦如是。蔡珠兒在〈醃芒果〉裡講的貼切：「每顆芒果都是一部迷你的地方志，抄錄當地的土質季風和水……除了香和甜，我還吞進各種經緯的熱帶陽光。」是的，你不僅僅是在喝那杯咖啡，你同時連結是在生養那杯咖啡的「天、地、人」對話。

第 **1** 篇　品咖啡

　　我相信大多數的讀者不是為了學習煮出100分的咖啡，或想要成為沖煮冠軍才學咖啡的。既然如此，就更應該回到品咖啡這件事情上，藉由訓練啟動感官去品嚐咖啡，於此同時，摸索出自己喜歡的咖啡風味，並且探索出你的沖煮風格。

　　學咖啡不一定要花錢去上很多的咖啡課，拿到任何的咖啡證照才叫學咖啡。也不是購買很多昂貴的咖啡器材，才能保證煮好咖啡。我的經驗是多去喝咖啡，多欣賞不同的沖煮方法，找出自己喜歡的、對味的咖啡，然後再去學習創造出類似的味道。無論是多名貴的咖啡，那杯咖啡的價值只產生在它被飲用之後，你煮咖啡也是為了喝咖啡，無論今天喝咖啡的對象是你的朋友還是自己，你終究是為了「喝」才去「煮」，不是嗎？

先學咖啡嗎？
不，先有品味吧！

我常常有一種感覺，每當我享受一杯有靈魂的咖啡之後，會覺得整個五官像是大雨之後的天際線一樣的潔淨。我的味蕾與嗅覺像是重新歸零回到最初的起點，吃東西的時候都變得特別敏銳。有靈魂的咖啡就像久違的長假一樣，幫助我們把整個節奏放慢下來。品味，其實不是艱深的美學，就算沒有敏銳如專業人士的感官，只要稍微靜下來去感受，也可以聆聽到咖啡靈魂的呢喃。就像那句著名的廣告詞「再忙，也要跟你喝一杯咖啡。」咖啡乘載的不僅是生活的調劑，同時是一種生活的態度。

✪ 擁有品味的條件是從容的心

　　品味咖啡需要足夠的專注力與覺察力，你的心就好比一個空的杯子，如果裡面已經裝滿了繁忙與急促，縱使再好的咖啡，也是什麼都感覺不到。真正的悠閒是心的一種狀態，即使身處非常忙碌的生活節奏也可以擁有，悠閒才會有空間感受咖啡的味道，假若心一直都在很忙碌的狀態，這樣的狀態喝咖啡要你說出味道，就好像在時速三百公里的高鐵上要看清窗外店家招牌寫的字一樣，很難完整看清楚。但是，其實你看得見，只要你能慢下來。品味咖啡就是如此，放慢你的心，就可以感受杯中的千香百味。

　　我見到許多人太在意自己沒有喝到的咖啡風味而煩惱，其實品味咖啡不是比賽，沒有比誰聞到的比較多，誰又

喝的比較準確。品味是一種極其私密的小旅行，有的時候聞到某種味道會牽連起某段人生記憶，那種連結可能比看照片強烈得許多。今天你在咖啡發現的一個味道可能像你小時候吃的豆腐乳，那它就是豆腐乳的味道，那是屬於你獨一無二的品味，沒有人能說你是錯的。也許，相同的味道對於另一個人來說比較像哈密瓜，或者酒釀桂圓的味道也都是有可能的。放下得失心以及標準答案，品味咖啡的過程，請把它當作一場沒有目的的探險，而不是再變成一次人生的競賽考試了。

✪ 學著煮好一杯咖啡

　　很多人會把學紅酒跟學咖啡當成類似的才藝想要學習，確實在很多面向上紅酒跟咖啡有很多的相似處，但咖啡跟紅酒存在一個最大的分歧

點──學紅酒，一般來說是指學習欣賞紅酒、品嚐紅酒，所有的技術與知識關注點都在品嚐本身，因為大部分決定風味的是釀酒師、葡萄酒莊園。紅酒比較像藝術品，作品被創作者完成，一般人只是透過「評論」、「鑑賞」來參與其中。學咖啡不一樣，**學咖啡也有品嚐跟鑑賞的部分，但是咖啡的風味並不是只有在生產端被決定，恰恰相反，一般人可以透過自己沖煮，參與創作的過程，並且這個沖煮具有決定性的影響。**我會說，學咖啡更像在學茶，雖然不像茶一樣發展出深厚的精神內涵──茶道，但是學習咖啡跟學茶一樣最好玩的地方在於，你可以同時跳出來作為一個評論者，也可以下場親自參與藝術品本身的創作。這種開放性的元素絕對是讓咖啡之所以風靡世界的原因之一！

以往台灣的咖啡文化受到日本

「匠師文化」的精神影響，大部分的技術與知識都是在封閉的系統裡，由最熟練最資深的師傅們把持著。每個不同的咖啡店可能都藏著自己一套咖啡哲學與沖煮祕訣，這些祕訣與觀念不輕易分享給別人，更別談消費者。就算要訓練一個咖啡師好了，也是口傳心授、以心傳心的東方職人教育模式。但隨著近幾年歐美咖啡文化的強勢進駐，透過簡而易懂的理論、具有邏輯與系統化的教學，把所有關於咖啡的知識與經驗化整為零，成為一個個單元、類別進行教授。以前，要養成一個合格的咖啡師也許要兩到三年的時間，但現在藉由整合過的系統教學，咖啡師的養成期縮短到三個月至半年。姑且不論兩種教育方法的得失優劣，至少我們看到在分享咖啡、學習咖啡這件事情上，資訊是越來越透明化，越來越具有開放性與系統性。

注意到了嗎？歐美式的咖啡訓練非常依據規則、邏輯以及數據，它讓一切的沖煮像在駕駛艙操作儀器一樣，什麼時候該踩油門，什麼時候該煞車，什麼時候轉方向盤都有規則可循。這套方法很容易讓一個門外漢快速進入狀況，他只要看著溫度計看著電子秤，在指定的時間裡把目標的咖啡量煮出來，他就能煮出目標的咖啡。

然而，日式的咖啡訓練比較像茶道中的人文精神，對待咖啡有一種一期一會的感覺。他們覺得咖啡是從活生生的植物所製作的食材，當然隨著食材的生長、烘焙的新鮮程度，都要有相對應的沖煮方法。所以這種訓練方式要求咖啡師要有大量的練習經驗，倘若沒有足夠經驗的感受，其實很多時候會無法分辨一些細微上的不同，沒有能力分辨細節處的差異，就代表你無法針對這個差異去調整你的煮法。

歐美系統的訓練幫助整個產業可以更快速地訓練出能夠服務客人的咖啡師，也讓很多的初學者有一個比較淺顯易懂的沖煮指南。然而，我覺得日式職人這種蘊含人文精神的訓練方式也不可以缺乏，因為對於咖啡師來說，強化感官與判讀能力，能夠幫助你更彈性地處理咖啡，也會變得比較具有創造性。

✪ 只有不斷嘗試，好咖啡才會誕生

「一種理想的沖煮方式可能是煮壞一百杯咖啡所積累的成果。」這句話真的一點都沒有誇張，因為每個細節都可以影響咖啡，我們不容易只憑一次沖煮就斷定風味的成因。所以我們會用「troubleshooting」的方法玩咖啡，一次只改變一個因素，試試看這個因素對結果造成什麼影響。比如，我們剛剛改變了溫度，在煮法、咖啡豆、研磨刻度、濃度都一樣的情形下，調高溫度跟調低溫度有影響嗎？這杯咖啡老闆說水溫88度能夠煮出好喝的味道，那89度試試看會不一樣嗎？你家裡使用的磨豆機跟咖啡廳的不一樣，用的手沖濾杯也跟咖啡廳不一樣，有沒有可能在你家裡可以用水溫86度煮出好喝的味道？我相信一定可以。咖啡就是去玩、去實驗，直到你覺得這個味道「可以了！」「我覺得對了！」那你就煮出對味的咖啡了。

比如說，很多人都知道煮咖啡用的水很重要，書裡也告訴你水在一杯咖啡裡面有98％左右的比例，那到底水會改變什麼？我在上課時，請學員煮過一輪以後，好多學員都驚訝於水改變了咖啡的味道。課堂上我們拿了來自衣索比亞的水洗咖啡進行示範，有人覺得礦泉水煮出來的咖啡比較沒有雜味，有人覺得逆滲透的咖啡比較甜，有人覺得蒸餾水煮的咖啡悶悶扁扁的。最後讓大家投票，結果是每個人都有自己的愛好，並沒有一個絕對的水囊括所有的學員。

咖啡千百種，喜歡咖啡的人也千百種，不同種咖啡有不同煮法，這要怎麼學咖啡？有兩個建議可以提供你：

第一，邀約多一點人一起喝咖啡，這樣不僅會熱鬧許多，在喝咖啡聊是非的同時，也是進行咖啡比較的好機會。你一個人出去能點幾杯咖啡？多一點人一起喝，每個人點的都不相同，就更有機會在所有咖啡裡面找到你最對味的咖啡。第二，練習把感受用文字的形式記錄下來。如果你真的很喜歡咖啡，可是沒有辦法常常約一堆人一起喝咖啡，那也沒有關係。你可以把上次的紀錄拿出來看，可能每次喝到的咖啡都給你不同的感受，試著從這裡面找出最對味的那杯咖啡。把風味「文字化」會幫助你越來越精準地形容風味。

當你越來越清楚自己想要的是什麼味道的咖啡以後，代表你更能找到適合自己的沖煮方法。你不用翻山越嶺找到地表最強的沖煮方法，只要在三千若水之中，找到能煮出對味咖啡的方式就行了。

啟動感官

你會不會覺得，每一次你喝咖啡的時候都有一種說不出的感受？「對，我有喝到一個什麼味道！但這個味道我說不出來。」你氣惱，明明有明顯的感覺卻無法透過具體的話語表達你的感受。你沒有錯，我們沒辦法表達不是因為我們沒有能力感受，而是因為我們從來沒有學著用感官辨認過盛夏的梔子與秋日的桂花。

有　幾年的時間，我的工作是一位自然解說員，常常要引導中小學的孩子走到戶外體驗大自然。在這份工作的後半段我學到了一套實用的帶領方式，可以讓孩子反應更熱烈也更有效果。我邀請每個同學來到樹前，先閉上眼睛去用雙手摸一摸樹皮的紋理，接著請大家傳遞樹的各個部

位——樹葉、樹枝、樹皮等等，用手揉揉樹葉或者掰斷樹枝，去聞聞他的香氣。如果我能確定這棵植物沒有毒性，我也會邀請同學用嘴巴輕囓一口樹葉去感受。經過很多次的經驗，我發現透過五感的方式帶領同學認識自然，比知識性灌輸的教學法更有辦法讓學生與自然產生連結，也比較容易

誘發學習的興趣。

同樣的，當我們在學習咖啡的時候，除了用看的去閱讀知識與觀念以外，其實啟動你的感官，練習打開你長期被禁錮的味覺與嗅覺，恐怕才是學習咖啡尤為關鍵的一個環節。過去，曾有一位雜誌的編輯採訪我：「你覺得一般人可以如何訓練自己的感官？」我說：「大自然是最好的老師，試著去離家不遠的郊山走走步道，學習注意這個季節開花的植物是什麼味道？試著走慢一點，去聞聞看這條步道的氣味。我覺得走入自然以後打開五感，你可以有的收穫恐怕不會少於一堂咖啡鑑賞所帶來的效果。」

✪ 讓感官「在線上」與生活接軌

如果你喝過輕度烘焙的咖啡，裡頭富含低分子量的芳香物質，這一類的芳香物質會常常讓人聯想到開花植物的芬芳、水果成熟的味道或者草本植物的香氣。此時你試試看回想在大自然帶給你的嗅覺記憶。這個時候你可能會告訴我：「誒！這杯咖啡帶有花香！」那就代表你開始動用你長久沒有運作的五感，開始串連起你的嗅覺記憶。人類的五感與身體的肌肉一樣有越用越靈活的情形，當你更常有意識地運用嗅覺，你就越能充實你的

嗅覺記憶庫，而一旦你有了豐富的嗅覺記憶，你喝到一杯咖啡以後，你就有更多的嗅覺體驗可以連結到你對這杯咖啡的形容。

你的生活從來不缺乏氣味，只是從未喚醒過你的嗅覺！就算是在日常生活裡面，也到處有機會可以啟動你的感官。下次吃拉麵的時候，不妨先記住青蔥的味道？灑在白飯上的芝麻有什麼香氣？把芝麻碾碎又是什麼香氣？品味咖啡就要學習讓感官常常「在線上」，經常的運用與鍛鍊，有意識地去感覺香氣的存在。如果你能夠時常記得啟動你的感官，那你的世界就不是乏味平面的單聲道世界，會變得像高級電影院立體鮮明的杜比音效。

✪ 破除迷思你會更懂感官

我們的舌頭能夠感受五味，酸、甜、苦、鹹、鮮，鼻子可以分辨出上萬種味道，在2014年三月份的《科學》（Science）更揭示了人類長久以來被低估的嗅覺潛力，以前的研究認為人類能分辨的香氣頂多一萬種上下，但最新的研究告訴我們，人類可以聞出至少一兆以上的味道！

迷思① 辣不是一種味覺？

學習品味咖啡，除了要啟動味

覺與嗅覺這兩種長久被低估的感官之外，還要更熟悉味嗅覺的作用原理。舉例來說，一般人最常有的迷思之一就是：辣是一種味覺。準確來說，辣是一種觸覺的感受，並不包含在味覺能感受的味道範圍內。味覺的產生是透過味蕾上的受器接收食物的味道，透過神經元傳遞給大腦，但是在所有味蕾的受器裡，並沒有辣的受器。辣的感受來自於「辣椒素」刺激神經末梢產生的灼燒感和痛感，做一個簡單的實驗就可以證明：把辣椒水塗在皮膚上會產生類似吃辣的灼熱感，但鹽水只有喝的時候能感受到鹹味，塗抹皮膚並不會讓你感受鹹味。

除了辣以外，另一個最容易被誤會的是「澀感」。吃過還沒有熟的香蕉嗎？會不會讓你感覺到很強烈的澀感？究竟香蕉沒有成熟的青澀，是一種澀味還是一種澀感呢？你也許會拿剛才的實驗吐槽：「香蕉塗在皮膚上又不會有澀的感覺？」但「澀」確實也是觸覺，澀感產生的原因來自化學物質與口水產生的作用。產生澀感的化學物質大部分生成於茶葉、紅酒與大部分未成熟水果之中，咖啡也帶有這類的化學物質，但如果經過理想的沖煮並不會釋放出太多，這也是在煮咖啡的時候，「澀感」會做為有沒有把咖啡煮好的重要指標之一。

迷思② 口中喝到的香氣從何而來？

除了錯認辣與澀之外，另一個常見的迷思是覺得口中所感受到的「花香」、「莓果香」來自味覺的作用。實際上，我們在口中所感受到的香氣是味覺與嗅覺協作的結果，若要進一步理解就要先說明一下嗅覺的作用方式。人類的嗅覺是奧祕的身體構造，我們的嗅覺並不是只能透過鼻子去聞味道而已，從鼻子聞到的味道被稱為「鼻前嗅覺」或者「正向嗅覺」，我們吃進嘴裡引發的種種味道並不是鼻前嗅覺的緣故。**吃東西的時候感受味道是從口腔與鼻腔聯通的「鼻後嗅覺」（或稱為反向嗅覺）。香氣的分子在經過咀嚼以後，散發出香氣分子，某一部分的香氣透過呼吸從口腔與鼻腔的這個通道來到了位於鼻子內的嗅覺受器。**這裡可以玩個小實驗，在喝任何飲料以前，先把鼻子捏起來，直到飲料含到嘴巴裡都不要放開，請你感受一下這個時候是不是只能喝到酸甜苦鹹的味覺？接著你可以把鼻子放開，你會發現飲料的香氣會在你放開的同時產生，這就是鼻後嗅覺作用的方式。

鼻後嗅覺也是評鑑咖啡與紅酒非

常重要的工具，**專業的杯測師會使用「啜吸」的方式來讓風味更能進入鼻後嗅覺**。「啜吸」要用文字描述有難度，你可能先想像成同時大力地吸進空氣與咖啡液體，這個過程會發出驚人的聲響，「啜吸」造成的壓力會迫使液體變成類似澆花壺的噴霧水霧，在口腔中霧化咖啡的香氣分子會更容易進入鼻後嗅覺。雖然你不一定要會「啜吸」才能學會喝咖啡，但是如果具備這項能力就能幫助你更輕易地感受咖啡細微的味道。

另外，杯測師會使用「風味」而不是使用「味道」來表述我們在咖啡裡的感受，風味是藉由味覺感受到的五種味道，和鼻後嗅覺所感受到的氣味，經過大腦的整合之後所產生的綜合性感受，這之中占主導性地位的是嗅覺而不是味覺，這也可以解釋為什

麼當我們鼻塞不通的時候，會覺得咖啡索然無味的原因。

迷思③ 味蕾分布在舌頭的特定區域？

最後一個迷思，你覺得味覺中的酸甜苦鹹鮮是分布在舌頭的不同位置嗎？不管是什麼樣的飲品或是烹飪工具書，只要提到品嚐或者鑑賞，許多人一定會搬出著名的「味覺圖」──甜味在舌尖，酸與鹹位於舌頭兩側，苦味在舌根。相信很多人從小到大都聽過這樣的說法。你相信嗎？這個「假說」的驗證方式是利用拿棉花棒塗抹分別帶有鹹味、甜味、酸味、苦味的水，再放入舌頭上的每個部分測驗。但其實這是一次錯誤引用論文數據所產生的「烏龍引申」而已。我們對於五種味道的味蕾其實非常平均的分布在舌頭上，並沒有哪一個部位分布特別多的特定味蕾。

雖然我們的味覺沒有哪個區域對特定味道敏感的情況，但是我們的味覺對不同味道的敏感程度是有強弱之分的，並不是酸甜苦鹹鮮的感受能力都在同一個水平之下。從受器的數量來看，苦味的受器至少有24種以上，但是甜味的受器只有一兩種，這代表我們對苦的敏感度遠遠高於甜味。

味覺跟人類演化有很大的關聯，

一杯咖啡裡的種種風味，是透過我們的味覺與嗅覺交織而成。

當食物還不具有「品味」的文化意義以前，飲食是生存的關鍵手段，不吃不喝會死，吃錯東西可能有致死風險。人類的祖先為了生存，當然希望不要吃錯東西，所以味覺在演化上的目的來看，主要是為了生存而已。

我們對於苦非常敏感，通常苦也會帶來不好的感受是有原因的。厭惡苦味可以幫助我們避免吃進有毒的東西，像有毒的香菇或某些蔬果，可能會透過苦味來警告想吃它的掠食者。酸味即使不如苦味來的敏感，但也是五味中的第二名，因為酸味帶來的訊息是告訴大腦：這東西沒有成熟，或是這東西已經開始腐敗了。雖然吃進沒有成熟或腐敗的食物不一定有致死的風險，但讓你生不如死個幾天也很有可能，這讓人類對酸有特別的提防。「酸」對一般人來說，也是比較容易產生負面評價的一種味道。

咖啡裡的甜是我的錯覺嗎？

「咖啡＝苦」這個觀念已經根深蒂固在大部分人的印象中，但其實咖啡確實是具備自然的甜味，在杯測師的評測表裡，「甜度」就是其中的評量之一，就讓我們聊聊咖啡裡的自然甜味吧！

那些咖啡愛好者時常說的「咖啡甜」到底是不是種自我催眠？其實不是，咖啡會甜的祕密是香氣，而不是因為本身帶有大量的糖。從番茄的研究範例可以稍加說明：實驗員分析了兩款不同品種番茄的化學物質，發現「甲品種」的蔗糖含量高過於「乙品種」，但志願者們的測試報告卻覺得「乙品種」比較甜。根據實驗發現，「乙品種」含糖量雖然沒有高過「甲品種」，但有七種香氣揮發物的數量卻高過「甲品種」，這個差別造成了「乙品種」吃起來很甜。咖啡含有數種芬香物質是會引起甜味的感受，同樣的物質也出現在草莓或者鳳梨之中，所以在品嚐咖啡的時候經常也有「這杯咖啡有草莓的感覺！」或者「有鳳梨的味道！」的評語。

❽ 如何喝到咖啡裡的甜味？

即使我們解釋了這麼多科學上的研究，但各位讀者還是一杯甜的咖啡都還沒有喝到，有兩個建議可以給想要體會「咖啡甜」的朋友：一個是「選擇本身比較帶有甜度表現的咖啡」；另一個則是「練習更敏銳地去感受甜味」。

在國際咖啡評比權威卓越杯（Cup of Excellent）比賽中，甜度表現被認為與採摘適當成熟度的咖啡果實很有關係，通常採摘完熟的咖啡果實會讓整杯咖啡感覺較甜，也會比較乾淨沒有擾人的異味存在。但是在購買咖啡的時候，咖啡有沒有在成熟之後採摘這件事，有的時候連煮咖啡的咖啡師都不知道，所以比較沒有辦法作為選擇上的指標。

甜度也跟品種有關，就像許多人知道的，咖啡種有兩個大分支，一個是羅布斯塔，價格便宜量大幾乎不怕病蟲害的物種，另一個是阿拉比卡，價格昂貴量少又嬌弱的物種。羅布斯塔的咖啡因含量高於阿拉比卡數倍，但除了咖啡因以外，阿拉比卡在醣類的總量也高過羅布斯塔，這表示在烘焙轉化的過程裡，阿拉比卡能夠轉化出更多讓咖啡表

現甜感的化學物質。所以如果你想品嚐咖啡甜，不妨開始注意你的咖啡是阿拉比卡還是羅布斯塔。

除了這些發生在咖啡農場的事情影響咖啡的甜味表現以外，烘焙與沖煮也是重要的因素。隨著烘焙時間與溫度遞增，甜感生成的化學反應變緩，而合成苦味的化學反應遞增，所以大部分人更容易在相對淺烘焙的咖啡裡發現甜感。若在沖煮上想表現咖啡甜的品質，其方法我們保留在本書第三章說明。

練習更敏銳地去感受甜味

感受不到咖啡自然的甜感，也是平常吃太多人工含糖食品的代價。人類的大腦會對甜味上癮，科學家的實驗告訴我們，吃甜的東西會感覺快樂，但是要維持一樣強度的快樂刺激，需要更多量的糖。現代社會的飲食習慣十分容易讓人攝取過高含量的糖，除了導致肥胖等文明病之外，最大的代價就是扼殺了我們對「食物裡自然的甜」喪失敏銳度。你知道喝一瓶350cc可樂的甜分相當於攝取 39 公克（約九茶匙）的糖嗎？在台灣點一杯拿鐵的容量大概是350cc，想像一下，你在拿鐵裡添加了九茶匙的砂糖，應該非常難再喝到咖啡原始的味

道吧？如果想「更敏銳地去感受甜味」，最直接有效的方式就是戒糖，做不到戒糖的話，降低喝含糖飲料的次數也會有一定的效果。

最後教大家一個歸零味覺的方法叫做「抑制釋放法」（release from suppression），這個方法一點都不困難，說穿了就是透過酸來反向復原你對甜味的感知能力。實際的作法是這樣的，準備幾顆甜橙與檸檬來搾汁，千萬不要圖方便去買市售的檸檬汁，這種檸檬汁即使寫上檸檬原汁的字樣，可能多少還有添加糖分進去，所以盡可能使用真的水果搾汁，把兩杯果汁都加水稀釋，兩杯必須以同比例稀釋。

首先，先喝一口甜橙汁，剛開始可能還覺得甜橙汁酸酸的，好像沒有什麼甜味，接著喝一小口檸檬汁，這個時候你恐怕已經酸得皺眉了，再回到橙汁，你會感覺橙汁比剛剛更甜了，表示你對甜味的感知有恢復。慢慢增加濃度循序漸進，你的甜味感知將會回到接近你最原始的味覺。不要急著馬上就想喝到咖啡甜，使用抑制釋放法恢復你的味覺，並搭配戒糖或減糖的生活習慣，有一天你會赫然發現咖啡裡的真實甜味。

味覺可以後天鍛鍊嗎？

　　我想談談一個很多人困惑的問題——「品嚐能力到底是不是天生的？」我會說，每個人的基因決定味蕾的數量，這部分是天生的，但是味覺能力是可以靠後天努力培養的。從生理條件上來看，女生的味蕾數量平均就多過於男生，年輕人的平均就高過於老年人，但這不表示女性族群跟年輕族群就是味覺能力最優異的族群。

　　我覺得味覺能力還可以細分成對「風味的感受力」與「風味表述的能力」，女性族群與年輕族群擁有比較多活躍的味蕾，在「風味的感受力」可能就優於其他的族群，所以「風味的感受力」是比較與天分與生理條件有關的能力。然而「風味表述力」卻必須透過「感受」、「記憶」、「歸納」、「表述」的步驟流程反覆練習才能茁壯。這個過程我稱之為品味的里程數，當你累積了越多的里程數，所增進的不只有表述力，而是連同感受力一起進步。

　　你要先吃過蘋果了解什麼是「蘋果味」，接著你必須記得並且把「蘋果味」放進你的記憶庫裡面，當你發覺這杯咖啡有某種味道，你開始從你的記憶庫搜尋，最後你找到了用「蘋果味」來形容你喝到的味道。一杯咖啡裡面的味道也有很多種，你的里程數越豐富，你能從中辨認的味道就越多，你就越能拼起整個風味的全貌。

認識風味

我喜歡喝咖啡，不是因為我是一個咖啡因上癮者，而是因為我迷戀它獨特的風味。小小的咖啡豆竟然可以裝進一整年產地的記憶，坐著船飄洋過海來到另一岸的烘焙廠，在烘豆師的巧手下從沉睡裡甦醒過來，散發渾身的芬芳。大布袋的豆子被分裝到一個個小豆袋裡進入每個家庭的廚房、吧台。經過碾磨成為更小的粉末，香氣更強烈了，整棟房子竟然都因為那一兩匙的豆子而滿室芬芳。你把熱水澆淋在粉層上，吃水的咖啡像雨季剛冒出的蕈菇般膨脹，香氣變了！濕濕的粉吐露出全然不同於乾粉的香氣，從壺口傾瀉的透明水流經過粉杯一下變成琥珀色的咖啡，製作咖啡過程的香氣旅行好像比喝到咖啡更為療癒。

「為」什麼咖啡會產生風味？」這個問題如果你去問咖啡師的話，我認為有多數以上的答案會提到「烘焙」。沒錯，要喝到我們熟悉的咖啡風味，不可能少了烘焙的環節，烘焙咖啡是讓咖啡產生風味關鍵中的關鍵。沒有烘焙的咖啡被稱為「咖啡生豆」（Green Bean），生豆除了聞起來有草味跟穀物味，更重要的是你根本無法拿生豆來煮咖啡。生豆狀態的咖啡除了質地堅硬之外，幾乎不具有任何你熟悉咖啡風味的特徵。

✪ 咖啡風味與烘焙間的關係

咖啡作為一種食用植物，它最大的特色就是必須經過「熱能」的轉化才能進行使用，採收下來的咖啡果實會汰除掉果皮果肉——所以它不是水果，並進一步發酵與乾燥才會變成生豆。即使是生豆也只能稱為半成品，所有的生豆都必須經過商家或者你自己進行烘焙才會變成我們熟知的「咖啡熟豆」，所以熟豆不是果實成熟的意思，而是代表它是準備好可以沖煮的咖啡成品。

加熱生豆會同時讓生豆產生物理變化與化學變化，而這之中又以化學變化與風味最有關係。當熱能進到豆子時，如果裡面的物質被拆開就稱為

「熱解作用」，如果被組合變成其他物質就稱為「熱聚合作用」。也就是說咖啡烘焙像是把樂高從一個形狀拆解重新組合成為另一個形狀，即使在咖啡的世界裡生豆跟熟豆的形狀不會改變太多，頂多因為加熱讓咖啡豆變大顆一點，但是從化學的角度來看，生豆跟熟豆在成分上卻有著天壤之別。

烘焙咖啡會像火烤玉米粒一樣，隨著溫度上升玉米無法承受內部的壓力就會爆炸，咖啡最酷的地方是它會有兩次的爆裂，代表你會聽到第一次爆裂咖啡豆所發出的「嗶嗶波波」

還未經過烘焙的咖啡生豆，只能算是半成品。

不同烘焙程度的咖啡豆。

⊙咖啡的烘焙程度

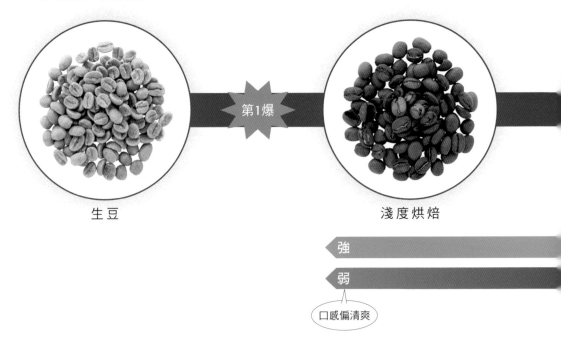

第1爆

生豆

淺度烘焙

強

弱

口感偏清爽

的聲響，接著會沈寂一小段時間，到了第二次爆裂又會再一次聽到類似但比較悶的爆裂聲。從一爆開始算起，到超越燃點讓豆子燒起來以前，這段期間裡面有非常多的選擇，我們會用「烘焙的程度」來幫這些選擇作一個定義。

為了讓大家能迅速理解，把烘焙度簡單分做三種，淺度的烘焙、中度的烘焙、以及深度的烘焙。有些人是從色澤去分別烘焙度的，但從烘豆師的立場，我們比較習慣使用爆裂階段來分別：淺度烘焙是一爆開始以後還沒出現第二次爆裂以前就完成烘焙；深度烘焙則是在第二次爆裂聲音非常

密集時開始算起，一路到結束之前；而中度烘焙就會落在第一次爆裂結束後那段沉寂的階段一直到第二次爆裂聲音非常密集以前。

在味道上，淺烘焙的咖啡有明顯的酸味，這與咖啡豆裡面的酸味物質還沒有被熱解有關，如果用線條來表示的話，酸味的物質會比苦味更早出現，但是如果烘焙程度發展越深就會分解消失。苦味的物質則是相反，它必須等到足夠的烘焙度才會開始生成，並且只會越來越苦而已。在口感上，烘焙程度越高會讓口感變得比較厚實，反之越淺度的烘焙口感上就會比較清爽。

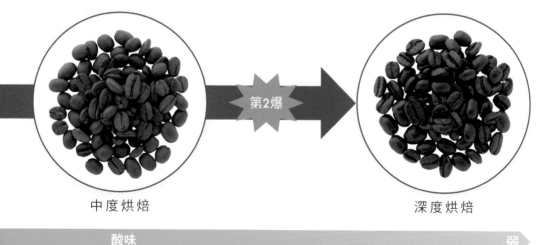

中度烘焙　　　　　　　　　　　　　　　深度烘焙

酸味　　　　　　　　　　　　　　　　　　　弱

苦味　　　　　　　　　　　　　　　　　　　強

口感偏厚實

烘焙是咖啡生成風味的關鍵，但並不是生成風味的唯一答案——烘焙只是風味生成的一塊比較大的拼圖，但要組合成完整的咖啡風味不會只靠烘焙。能為咖啡生成風味的元素一共有四個：「種植條件」、「生豆處理」、「烘焙」以及「萃取」。前三項元素賦予了咖啡豆的本質，而「萃取」作為咖啡工藝最後的環節則決定了我們怎麼感受本質的方式。

❀ 咖啡到底有多少種風味？

咖啡有多少種風味？眾說紛紜，在網路上你可以找到很多種答案，其實之所以有那麼多答案，主要是咖啡在每個階段的香氣物質數量不同。就像剛才提到的烘焙時的咖啡香氣就有1000種，但會因為烘焙發展的程度而揮發掉；而根據《咖啡風味化學》裡面利用科學儀器所量測的結果，生豆的香氣物質大概有300種。雖然在烘焙過後會有很多因為熱能增加的香氣物質，但也有很大部分的香氣不溶於水無法萃取，就像很多時候聞豆子的香氣不見得跟實際喝到的一樣，所以其實真正在你「杯中」的香氣差不多也是300種左右。不過300這個數字是儀器測量的數據，如果真要算到透過人的感官可以感知的香氣大約是100種。

但就算如此，真正被使用於產業裡的風味只有36種，也被稱為「咖啡36味」。

這套風味的歸類方式是由精品咖啡協會（SCA）——當時被稱為美國精品咖啡協會（SCAA），所推出的一套咖啡風味分類系統，這套系統大大幫助了在1970年代剛剛起飛的精品咖啡產業。為什麼會這樣說呢？你想想看，在還沒有將咖啡拿來品味

咖啡與咖啡風味輪。

的年代，對形容咖啡風味的詞彙一定是非常匱乏的，那個時候的人們只能說「好喝」、「難喝」、「有異味」⋯⋯那個時代的人們亟欲建構一套屬於咖啡的通用語言，來紀錄每一杯咖啡裡的味道與人交流。

1922年William Ukers寫了一本咖啡百科全書《All About Coffee》──這位美國作家後來又出了更為人知曉的《All About Tea》，裡面記錄到用來敘述咖啡風味的詞彙大概只有二十種不到，這本書主要是考證當時人們所煮的咖啡以及知名歷史人物有關咖啡的奇聞軼事，但你可以從William Ukers的筆下清楚地知道，70年代以前根本沒有人在乎一切有關咖啡的細膩風味。

經過烘焙的咖啡豆才會產生迷人的風味，成為可以研磨沖煮的咖啡熟豆。

「咖啡36味」是參考葡萄酒產業裡面的「紅酒54味」設計而成，把常見容易喝到的咖啡風味分成4組，每組平均都是9種味道，加總起來就產生了36味。說句玩笑話，一般人大概只要記住裡面1/3的味道，並且能準確使用在咖啡上面，應該就會被視為「懂行」的玩家了。

杯測師筆記
認識咖啡風味的推薦書單

迷戀味道的人似乎到了最後都不約而同會喜歡上咖啡。想要認識咖啡的風味以前，你要先知道這是一個龐大的題目，大到許多頂尖的學者專家都專門為了「咖啡風味」出書，如果你真的想要充實這方面的知識，有三部作品想要推薦給你，第一本是入門等級的科普讀物，由旦部幸博先生所發表的《咖啡的科學──咖啡的美味究竟從何而來》；第二本是進階的工具書，韓國學者崔洛堰的《咖啡香味的科學》；最後一本則是名為《咖啡風味化學》的專業書籍。

如何運用風味——淺談咖啡 36 味

對普通人來說，要去記得36種味道不是件容易的事情，而且還要把它們從咖啡裡面找出來？別開玩笑了！但杯測師訓練的經驗告訴我，當你知道這些味道是怎麼被分類的，就會更容易去掌握36味。

香氣物質非常多種，要將其分門別類是很大的工程，好在對於咖啡愛好者如我們來說，只要了解「閾值」（threshold）跟「分子量」就足夠了。別被這兩個聽起來很學術的詞給嚇到，其實是十分容易理解的概念，「閾值」說白了就是你要聞到特定香氣需要的最小濃度，原理是因為我們的嗅覺對於不同香氣物質有不同的敏感度，你還記得我曾說過，我們對苦的味覺比甜的味覺來得更敏銳，就代表苦的閾值小而甜的閾值大。在風味的世界裡，決定你聞到什麼味道的關鍵不是「含量」是「閾值」。為什麼特定味道在咖啡裡面特別明顯？很有

將咖啡風味濃縮而成的聞香瓶。

可能不是因為這杯咖啡裡面有很多引起特定風味的香氣物質，而是因為喝咖啡的你對這個特定風味的閾值是小的。

除了閾值以外，我們之所以能感受風味的幾個必要條件：第一，你吃進去的東西必須有揮發性；第二，揮發出來的物質分子量要小；第三，嗅覺內有跟該物質結合的受體。能從口腔通道進到鼻子的物質不會超過 300 分子量，從26一直到300分子量的物質都有可能具備成為香氣物質的特性，大部分的風味分子都會接近200分子量。

回到36味總共有四大群組，有一組專門用來形容因為處理不當而生成的風味，被稱之為「瑕疵群組」，而另外三組則是根據分子量的大小來做分類的，由低至高分別是低分子量的「酶化群組」，中分子量的「焦糖化群組」與高分子量的「乾餾群組」。

✪ 香氣污點群組—— 過與不及的風味

瑕疵群組是一個很有趣的分類，其實用「瑕疵」很容易使人產生誤解，以為聞到這個群組的味道就是瑕疵豆，但其實這在理解上有點誤差，因為這組的英文名字叫做Aromatic Taints，如果按照字面翻譯比較接近「香氣污染」。這兩個意思就有很大的不同了，用瑕疵來理解這個群組的味道的話，基本上它們一定全部都是不好的味道。但事實卻不是如此——你覺得「烤牛肉」（Cooked beaf）是不好的味道嗎？「印度香米」（Basmatic rice）呢？「咖啡果肉」（Coffee pulp）會不好嗎？

要理解香氣污點群組，請先放下「有這個味道的咖啡就不好！」的偏見，其實精品咖啡協會已經解釋過這個群組並不是全部都是不好的味道，這組的味道沒有不好，只是量太多會感覺負擔而已，就好比甜味不錯，但太過的甜味就會造成味覺上的負擔一樣。絕大多數的日曬處理咖啡都具有「咖啡果肉」（Coffee pulp）的味道，但這個群組就是告訴你，有這種果肉味不錯，但高濃度的「咖啡果肉味」恐怕就是一種香氣污點了。

進一步來談，每個風味群組還會細分成三種韻味，一種韻味會收錄三種典型風味，在香氣污點群組裡面有三小組，依照人可以忍受的程度由高至低分成：「酵素韻」、「土韻」以及「酚韻」。

🌀 香氣污點群組 Aromatic Taints

韻味	風味名稱	編號	特色
酵素韻 Fermented	咖啡果肉味 Coffee pulp	13	明顯容易辨認的味道,常出現在日曬法的咖啡裡面。過度的話就變成令人不悅的發酵味。
	印度香米味 Basmati rice	21	出現在烘焙過程的前段,這個味道很容易忽略掉,除非你很集中精神或者經常練習辨認這個味道,不然它就像交響樂團裡的中提琴被人忽略。
	藥味 Medicinal	35	在酵素韻你最不想喝到的味道,是黴菌在生豆上作祟的結果,如果杯測師喝到「藥味」,往往會開始進行生豆倉庫保存狀況的檢查。
土韻 Earthy	泥土味 Earth	1	我第一次聞到馬上聯想到的是下雨前潮濕土地的味道,這個味道跟果實曬乾的方式有關,如果你沒有將果實隔離地面乾燥,就會讓後來的生豆帶有泥土味。
	稻草味 Straw	5	跟乾燥過程有關,乾燥的時候如果沒有很勤勞的翻動咖啡,或者環境濕度很高的時候就容易帶有稻草味。
	皮革味 Leather	20	與乾燥有關,但還沒有足夠的樣本讓我們推斷它生成的原因,在我的品飲經驗中,紅酒比咖啡容易喝到這個味道,而他們會用「野兔肚子的味道」來形容。
酚韻 Phenolic	煙燻味 Smoke	32	跟烘焙時排風的順暢度有關係,如果喝到煙燻味,我們可能會去檢查抽風馬達是否有狀況。
	烤牛肉味 Cooked beef	31	跟深可可的味道常常混合在一起,需要比較專心才能找到,通常出現在深烘焙的咖啡裡頭。
	橡膠味 Rubber	36	至今我完全無法接受的一個味道,我喝過有橡膠味的咖啡是在操作失敗的深烘焙咖啡中,精品咖啡大部分為阿拉比卡種,所以不常喝到橡膠味。

※ 表格所列編號為「咖啡聞香瓶組」對應風味的編號。

❽酶化群組——
作用於栽種時的風味

再來，我們從分子量小的「酶化群組」來介紹，分子量小的風味通常具有比較強的刺激性，但相對比較快消逝掉，反而分子量大的風味則比較沈穩而持久。酶化群組的風味與產地有最直接的關係，地理條件、天候條件、栽種品種以及果實加工的方式，都是直接影響酶化群組風味的原因。這組會決定你喝到的咖啡是優質舒服的靈活酸質（Acidity），還是令人皺眉無法接受的死酸（Sour）。酶化群裡的三種韻味有：「花香韻」、「果香韻」還有「草本植物韻」。這組的味道除了都非常討喜以外，也十分容易辨認，我會形容成「天使群組」。

🔘 酶化群組 Enzymatic

韻味	風味名稱	編號	特色
花香韻 **Flowery**	蜂蜜味 Honeyed	19	頂級的咖啡中才有的味道，咖啡粉狀的味道又比液狀時明顯，阿拉比卡種咖啡的味道又比羅布斯達種的味道強。
	茶玫瑰味 Tea rose	11	紅花的香氣，沖煮時的味道比研磨時明顯，阿拉比卡種咖啡的香氣又比羅布斯達種的強。
	咖啡花味 Coffee blossom	12	白花的香氣，在生活中比較類似的是茉莉與金盞花。
果香韻 **Fruity**	檸檬味 Lemon	15	咖啡中檸檬的香氣，使得咖啡有著清新、高雅、有活力的味道，這類的風味常現身在衣索比亞西南部的產地。
	杏桃味 Apricot	16	通常在生豆最新鮮的時候烘焙會喝到這類的香氣，擁有這種風味的咖啡會獲得比較高的酸質評價。
	蘋果味 Apple	17	令人喜歡的香味，特別是來自有著與咖啡果肉混合香味的中美洲以及哥倫比亞咖啡。
草本 **植物韻** **Herbal**	碗豆味 Garden peas	3	出現在生豆或者烘焙不夠的咖啡裡，如果咖啡出現這個味道，我會去檢查是不是在烘焙的過程中火力太小的緣故。
	黃瓜味 Cucumber	4	黃瓜味通常不是主調風味，有黃瓜風味的咖啡不會太明顯與強烈，但會增進咖啡的豐富度。
	馬鈴薯味 Potato	2	酶化群組裡不太討喜的味道，非常有名的例子是發生在盧安達與蒲隆地這兩個生產國。因為一種特殊昆蟲啃咬果實表皮造成的感染，讓咖啡豆產生類似馬鈴薯的味道。讓烘豆師氣惱的是無法從生豆外觀察覺，只能用喝的喝出這個味道。

※ 表格所列編號為「咖啡聞香瓶組」對應風味的編號。

❽ 焦糖化群組——
作用於烘焙時的風味

「焦糖化群組」是比「酶化群組」分子量稍微大一點的群組，通常跟烘焙時的熱化學反應有關係，直接影響咖啡會不會有甜的風味。焦糖群組的風味也是咖啡愛好者的最大公約數，相對於以酸為主體的「酶化」以及以苦為主體的「乾餾」，焦糖群組是絕大部分人都能接受的咖啡，一般人熟悉的「咖啡香」大部分都是在講焦糖化裡的味道。同樣的，我們在這個群組也有三種主要的韻味，分別為：「焦糖韻」、「堅果韻」以及「巧克力韻」。

🅐 焦糖化群組 Sugar Browning

韻味	風味名稱	編號	特色
焦糖韻 **Carmelly**	焦糖味 Caramel	25	這是一種生活中時常能聞到的香氣，在絕大多數好喝的咖啡裡都應該有它的存在，當咖啡具有足夠且優質的碳水化合物跟蛋白質（種植條件符合），並且有好的烘焙技術（烘焙條件符合），就能夠讓咖啡產生明顯的焦糖香氣。
	鮮奶油味 Fresh butter	18	通常具有奶油味會使咖啡整體變得溫和圓潤，我時常在優異的美洲咖啡豆裡發現奶油的香氣。
	烤花生味 Roasted peanuts	28	它是一個比較內斂的味道，我覺得這個味道比較是以點綴其他風味的形式存在於咖啡之中。
堅果韻 **Nutty**	烤杏仁味 Roasted almonds	27	味道比烤榛果味更為厚實，有濃濃的甜香味，會大大提升你感受咖啡甜味的效果。
	烤榛果味 Roasted hazelnuts	29	味道比烤杏仁味輕盈許多，讓咖啡香氣帶有某種程度的甜味。
	胡桃味 Walnuts	30	在胡桃味的聞香瓶，會讓我聯想到西洋芹菜的味道，胡桃味是比較容易以「尾韻」的形式存在的風味，會出現在當你喝完一口咖啡後，嘴巴裡殘留的堅果香氣。

韻味	風味名稱	編號	特色
巧克力韻 Chocolaty	巧克力味 Dark chocolate	26	如果你有機會觀察可可製成巧克力的過程，就會知道咖啡與可可之間為什麼會有如此相似的特徵。咖啡裡的巧克力味通常會占主調性的位置，其他焦糖韻跟堅果韻的香氣會包覆在這個主要風味的周圍。
	吐司味 Toast	22	吐司味短暫稍縱即逝，平時很難經驗卻真實存在，這個風味能幫助整體變得更加協調，但很容易在烘焙過程中消逝或被其他強烈的味道蓋過，所以人們比較少喝到咖啡裡的吐司味。
	香草味 Vanilla	10	普遍出現在咖啡裡的味道，只不過會在喝咖啡的第二口、第三口才被發覺，香草味有平衡所有風味的效果。想要了解香草籽的味道，建議你到甜點烘焙材料行找香草籽。

※表格所列編號為「咖啡聞香瓶組」對應風味的編號。

✪ 乾餾群組—— 作用於化學熱解時的風味

乾餾群組是所有群組分子量最大的群組，分子量大的特性就是揮發性低，比較低沉但是香氣的行走路徑很長。乾餾群組的風味幾乎都是在咖啡豆第二次爆裂以後開始發生的，二爆的條件是足夠的熱能，進行二爆以後的咖啡焦糖化的反應會逐漸消逝，取而代之的是碳化的反應。碳化反應使咖啡多了一股炭燒味，在烘焙進入二爆的階段時，烘豆師都要非常小心咖啡豆起火釀災，因為這個時候的咖啡豆已經具有某種程度的炭特性。二爆時的高熱能加速了化學物質的裂解與聚合，也就是剛才提到的「酶化群組」與「焦糖化群組」生成的味道全部重新捏碎，組合成新的味道。

其實在化學意義上的乾餾作用（Dry Distillation）是指物質在隔離空氣的情形下，乾燒到完全碳化的過程。但是在實際烘焙上，咖啡豆還是在有空氣的狀態下進行著，但還是有焦化、熱解的過程，所以會用乾餾來形容這個階段的咖啡烘焙。「類乾餾」的咖啡烘焙還會使許多物質產生化學變化，這些變化通常讓咖啡變得苦而且香氣濃郁。乾餾群組的三大韻味分別是：「辛香料韻」、「樹脂韻」以及「熱解化韻」（也翻譯為炭燒韻）。

乾餾群組 Dry Distillation

韻味	風味名稱	編號	特色
辛香料韻 **Spicy**	胡椒味 Pepper	8	一般出現在深焙的咖啡居多並帶有些微的辣感，它的閾值偏大，並不是每個人都會發覺它，通常你在感受這類咖啡的時候會被炭燒味給吸引住，而忽略掉胡椒味的存在。我最近一次喝過具有明顯胡椒味的咖啡是來自蘇門答臘的曼特寧咖啡，在厚實的可可味前，有短暫帶有辛辣感的白胡椒風味。
	丁香味 Clove-like	7	杯測師會開玩笑把丁香味稱為「牙醫味」，因為丁香是舒緩牙痛很好的植物，所以是牙醫經常用的工具之一。丁香會讓整杯咖啡喝起來更有層次感，算是一個伴奏型的風味。
	香菜籽味 Coriander seed	9	不要跟香草籽還有香菜搞混了！台灣料理中的香菜以取用葉子為主，但在南亞、東南亞料理中，香菜的種籽是非常重要的香料基底。在料理上，它比較像伴奏或者和聲的功能，沒辦法像八角或者孜然一下就辨識出，但是少掉香菜籽會覺得少掉一層豐富感。其實我很少喝到，通常是在把咖啡豆開封的瞬間會隱約聞到它的存在，卻又如此飄渺。
樹脂韻 **Resinous**	雪松味 Cedar	6	咖啡裡的雪松味非常迷人，想要認識這個味道，不妨找找看純天然製成的雪松精油。相對於花果香類的刺激風味，我個人比較喜歡有像雪松般沈穩味道的咖啡，這也算是罕見的風味，至今我只有從頂級的夏威夷Kona咖啡找到具體明顯的雪松味。
	黑醋栗味 Black currant-like	14	這是時常被混淆的風味，常被誤認為像黑莓、覆盆莓的活潑風味，其實聞香瓶裡的黑醋栗聞起來比較像原木家具的味道，跟莓果味有很大的落差。因為這是形容來自黑醋栗灌木與葉子的味道，並不是在講它的果實。
	楓糖味 Maple syrup	24	請記住聞香瓶是非常注重脈絡的，所以此處的楓糖味不會是焦糖化群組的那種焦糖甜香，而是注重它木質表現的部分，類似蜜蜂製成的花粉味。因為分子量較大的關係，所以它在咖啡裡聞不太到，也不太容易在風味裡感受，只有當你喝完以後的餘香才有機會感覺到。

韻味	風味名稱	編號	特色
熱解化韻 Pyrolytic	麥芽味 Malt	23	類似威士忌跟精釀啤酒的麥芽味，像是泡過橡木桶的麥芽酒體的感覺。在咖啡裡的麥芽味不侷限在任一烘焙度裡，是一種頗為多變的風味。
	菸草味 Pipe tobacco	33	菸草味跟香菸味（cigarette）是兩件事情，菸草味也不等同於煙燻味，這組裡面的菸草味接近雪茄的味道，我唯一一次感受到是在喝純正的藍山咖啡。
	烘焙咖啡味 Roasted coffee	34	其實烘焙咖啡味比較像是剛進咖啡店時第一口聞到的那種無所不在的味道，它是一種能夠輕易標示性的味道，也是許多人對咖啡的第一印象，這個味道讓人感覺到咖啡的濃郁香醇，也讓我們知道烘焙咖啡與熱解化學作用密不可分的關係。

※ 表格所列編號為「咖啡聞香瓶組」對應風味的編號。

品一杯咖啡，跟杯測師學 cupping

在咖啡的產業裡有一個鮮為人知的隱藏角色叫做「杯測師」，他的工作像是球場上的教練，不論咖啡農、烘豆師或者咖啡師都會諮詢杯測師有關風味上的建議。我曾說過，沒有目標的沖煮就會像盲眼射箭，其實烘焙與栽種又何嘗不是如此呢？每一種職人最終都會希望自己製作的咖啡會一批比一批好喝，所以客觀專業的回饋是重要的進步動能。

❌ 把關品質的神祕藏鏡人——
咖啡品質鑑定師

杯測師利用杯測（cupping）將所有「沖煮的人為變因」降到最低，讓咖啡歸零到最原始的味道，進而找出其他可能影響咖啡味道的變因。我覺得，杯測師就像是豆子的傾聽者，透過反覆的杯測聽到豆子最隱藏的心事。

即使以現在的科技已經能分析所有咖啡的化學物質，人們也基本了解每一種物質對應的風味變化，所以在理論上杯測師的工作好像會被取代。但是這件事不會發生，因為咖啡永遠

是給人喝的，透過人真實的回饋雖然不如儀器的「物質」精準性，卻更可以精準反應人的「感覺」。

然而人的感覺是非常難以捉模的，更會因為不同的喜好產生完全不同的評價，而杯測師所評量的重點在於「咖啡的品質」並不是「反映個人的咖啡品味」。早在1980年代，日本的咖啡職人田口護先生就在提倡「好咖啡與好喝的咖啡」是不一樣的觀念，**好咖啡的定義是一經由適當的栽植、烘焙與萃取所製成的咖啡，這個定義相對具有客觀性；好喝的咖啡無從定義，只要是消費者「對味」的咖啡即是好喝的咖啡**，對味的咖啡並非咖啡專業人士追求的首要目標，咖啡專業人士應該先達成定義上「好咖啡」的品質要求，透過服務與引導協助消費者找尋對味的「好喝咖啡」。

杯測師（cupper）只是一個易於表達的俗稱而已，但這樣的俗稱很容易造成誤解，大家以為這些職人成天都在杯測，所以叫他們杯測師。但是杯測在精品咖啡的世界裡，已經是咖啡從業人員必備的基礎職能，無論是咖啡農、烘豆師、咖啡師都需要會杯測。這樣講起來豈不是人人都是杯測師嗎？事實上，杯測師真正的名字應該是「咖啡品質鑑定師」（coffee qual-

ity grader），很多人會用品質（quality）的開頭字母Q來稱呼這些人，擁有鑑定咖啡品質能力的專業人士才能被稱為Q grader。

🅧 鑑定咖啡的十種品質

什麼是品質？韋氏字典（Merriam-Webster）對品質的定義是「某一等級的傑出表現」，理所當然，最佳品質代表的含義就是最高等級的傑出表現。為什麼我們要為某些事物制定品質的等級呢？因為品質就好像是一種共同的語言，我們可以透過「品質」來進行溝通。而且品質就是一個客觀的定義，沒有參雜個人的喜好，進行溝通上就不會經常出現誤解。

Q grader系統底下的品質分成十種，每種品質都代表著咖啡某一個橫切面的表現，接下來我們會花一些篇幅為大家依序說明：

1 | 香氣 Fragrance / Aroma

　　咖啡的香氣品質會評斷兩種狀態的香氣，一種是在剛研磨時尚未接觸水的「乾香」，另一種是在粉浸潤在熱水時散發的香氣。Q grader會同時紀錄下香氣的種類以及強度，例如高強度的檸檬香氣混合著中低強度的深可可香氣。在這項量測裡面，強弱並不是主要評分的依據，而是由出現的香氣種類決定了香氣品質的分數，比如說，在咖啡裡面聞到怡人的花果香，在香氣品質分數上就會拿到高分，如果說香氣的輪廓非常具體，讓你喝到不是只有花果香氣的感覺，而是有更具體的茉莉花香，那分數就會更高。香氣品質低的咖啡通常是出現了明顯不屬於咖啡該有的「異味」，比方說「輪胎味」、「藥水味」如果出現在咖啡中，那這杯咖啡的香氣品質就會拿到比較差的分

2 | 風味 Flavor

　　風味品質要去評斷咖啡在口中同時作用於味覺與鼻後嗅覺的綜合香氣風味，在風味品質的評分中就是狹義定義的風味，並不包含口感，通常Q grader在評分風味品質時，會使用專門用途的杯測用湯匙進行啜吸，啜吸可以幫助你更快速捕捉到比較細微的風味香氣。風味品質的分數也是根據咖啡呈現的香氣種類進行判斷，而當一款咖啡出現好的風味越多，呈現的複雜性越高，也會使這項分數提高。

3 | 尾韻 Aftertaste

　　尾韻品質是在測試咖啡通過口腔與喉嚨以後殘留的香氣與觸感，請注意這個項目的評測必須在咖啡完全吐掉後或者喝光之後才能進行，並不會在嘴裡還有咖啡液體的時候評測尾韻。喝完咖啡以後Q grader會留意鼻腔、口腔以及喉嚨殘留的香氣，這個時候香氣的清晰度、範圍以及種類都會決定尾韻品質的高低。

4 | 酸質 Acidity

　　酸質品質與酸的強度沒有直接相關，在酸質的評測裡頭過於強烈或者過於尖銳的酸都會被列為低品質的酸。水果中成熟水果的活潑果酸，與未成熟水果的尖酸生澀是評定品質好壞的重要分水嶺。另外，酸的複雜性與變化性也在這項品質中納入考量，比如這種酸是否呈現出明顯的複合性風味酸，或者這樣的酸很快地轉化讓人感覺到甜感，都會影響Q grader對品質的判別。

5 | 口感 Body

　　口感品質是將口感獨立納入一種考量，咖啡在嘴裡呈現出來的濃稠度與觸感是其依據，Q grader在評斷口感品質的時候，可以針對兩種相異但都良好的口感給出高分，比方說清淡爽口的口感可以獲得高分，但是濃稠飽滿的口感也可以獲得高分。在口感品質中會降低品質的原因，主要是咖啡中出現了澀感、收斂感這類會讓口腔、舌頭乾燥或者刮舌的感覺。

6 | 一致性 Uniformity

　　補充一個杯測的背景知識，那就是當Q grader進行咖啡品質鑑定的時候，通常每一種樣品會抽樣取出五支，利用統計學上的抽樣法來判定整批咖啡的品質是接近的。在一致性的品質判定中，只要五支樣品沒有風味上的差異性，通常在這欄都會以滿分的狀態表示。然而，當咖啡出現「瑕疵豆」時，就會造成該款咖啡並不具有一致性，Q grader如果喝到五種樣品中有一款特別不同時，就會在記錄下標示出不同風味的樣品。

7 | 均衡度 Balance

　　均衡度的判定是藉由前面四項品質——風味、尾韻、酸質、口感產生的綜合效果作為依據的，在這四項品質中如果有某項特別突出，變得讓其他項品質無法被注意時，均衡度的品質就會低分。如果四項品質表現的非常均衡，並且產生加成的效果，那均衡度的分數就會是高分。

8 | 乾淨度 Clean cup

　　乾淨度也是與抽樣調查比較有關係的品質項目，當五種樣品中的其中幾個樣品出現了「瑕疵風味」，就會讓乾淨度的分數降低。通常乾淨度與一致性會有直接相關，如果樣品中的乾淨度出現問題，也就代表這款咖啡沒有一致性。

9 | 甜度 Sweetness

　　甜質與酸質有直接相關，甜度品質不佳的豆子也會直接影響到其酸質的品質表現。在甜質的評定上就會納入強度進行考量，因為咖啡中所帶有的自然甜度幾乎不可能超越人的耐受程度，所以在甜質評定上通常有越高強度的甜度就會在甜度的品質獲得高分。

10 | 整體評價 Overall

　　總體評價應該是十種品質裡最具有主觀成分的一項品質了，這項品質的分數反應了Q grader本身對這杯咖啡的觀感，是整體杯測進行到最後時，當前面九項分數已經出來的時候，根據所有品質所做出的結論評價。這杯咖啡是讓你非常驚艷呢？還是覺得吸引你？或者你會對喝這杯咖啡有興趣？最糟的是你完全連喝都不想喝？雖然說整體評價有個人品味的成分，但這項品質必須與前面九項品質有一個說得通的邏輯，不可能出現前面九項低分，最後總體評價高分的情形，反之亦然。

❎ 杯測的順序與節奏感很重要

　　我覺得在Q grader評鑑咖啡的時候，有一個祕訣對普通消費者非常有幫助，雖然聽起來很簡單，但對於實際評斷咖啡品質卻很實用，這個祕訣就是——**每一口喝下去的咖啡只把注意力放在單向品質的項目上，並且隨著溫度有順序的進行。**你可以把咖啡想像成有非常多聲部的交響樂，乍聽之下可能會很複雜好像有很多東西同時在發出聲響，咖啡與交響樂一樣具有很複雜的訊息，有的時候我們喝

不出咖啡的味道，除了可能是因為味覺不夠敏銳，更大的原因是我們的大腦無法同時處理過大的訊息量。人腦不是電腦，不可能達到真正「多工處理」的境界，這代表我們必須要有順序、有節奏的去分辨每種咖啡的品質面向。

　　與一般人不同，Q grader喝咖啡的方式講究的是「順序」跟「節奏」，Q grader每天評測可能會評鑑10～20支不等的咖啡樣品，如果每款樣品都以五杯（8 oz）來計算的話，代表Q grader要同時間公正的為50～100款的

咖啡做出精準的評價。通常一杯咖啡只會被Q grader品嚐幾口，他們不可能把一百杯咖啡喝完才打出分數，所以能在幾口之間的過程就能判斷咖啡的好壞就是Q grader的專業能力。

一輪正式的杯測通常都是二十分鐘到三十分鐘不等，Q grader像是在跟香氣賽跑一樣，要在短短的三十分鐘之內把所有捕捉感受到的氣味、芬芳全部都忠實呈現在杯測紀錄表裡頭。溫度對於咖啡風味的影響非常明顯，時間越長咖啡的溫度就會從熱轉變成溫，最後來到接近常溫的溫度，而且這種影響是不可逆的單行道，也就是說如果咖啡轉冷了，那它原本在熱的時候出現過的風味就可能再也不會出現，所以Q grader必須要把味道快速地記下來。

溫度影響風味的原因大致分為三個：第一個是芳香物質的流逝，芳香物質在高溫時最為活躍，並且會非常快速的揮發到咖啡外的地方，這就是為什麼剛煮好的咖啡特別香，但涼掉的咖啡卻沒有同樣強度香氣的原因。第二，化學物質的變化，其實咖啡在任何時候都處於化學物質持續變化的狀態，當咖啡降溫的時候，也會改變化學物質組合的方式造成不同的風味感受。第三，人的感官敏銳度也會受到溫度影響，通常在高溫的時候我們的味覺會比較麻痺——一方面大腦也在處理「燙」的訊號。

❽ 如何進行杯測？

一個Q grader是怎麼在短短半小時中去杯測咖啡的品質？一般來說，杯測會使用廣口、平底的杯子做為容器，因為接近碗的形狀，所以又被稱為「杯測碗」。杯測碗的大小大部分都在200cc～250cc左右，杯測使用的濃度會在1:18.18，所以我們會使用大概11～13克左右的咖啡豆。杯測使用的萃取原理是「浸泡式萃取」，杯測最大的特色是從杯測開始到結束，這些咖啡粉都會一直在碗裡不會濾掉。

杯測一款咖啡樣品時，會準備五個杯測碗，前方會擺上此樣品的生豆及熟豆。

Step 1 研磨成咖啡粉先聞乾香氣

　　杯測開始時五個杯測碗中裝著正確比例的咖啡粉，研磨好的咖啡會馬上用蓋子阻隔與空氣之間的接觸，等到正式開始時才會打開，大概會有五到十分鐘的時間讓Q grader可以評鑑「乾香氣」的品質。

Step 2 注水後再聞濕香氣

　　接著，使用93～95度之間的熱水將杯測碗裝滿（咖啡粉要完全浸濕），注水時咖啡粉會膨脹，並萃取出咖啡，注水完畢，可先評鑑浸濕蒸煮狀態的咖啡香氣。

Q grader 破解咖啡的祕密武器

Q grader系統開創是在2004年，目的就是為了讓全世界的咖啡專業人員可以一起討論咖啡品質而不會雞同鴨講。Q grader的訓練提供了這些鑑定師一些標準化的工具，這些工具不僅是Q grader用來破解咖啡品質的祕密武器，也是統一咖啡世界的一種官方語言。

Q grader的訓練與考試是所有咖啡考試中最為嚴格的一種，不僅是訓練時數最長，就連考核的項目也多達22種。一位合格的品質鑑定師必須通過22項考試內容，通過測驗Q grader會被登錄在Q grader的國際官網上。然而，Q grader系統最嚴格的部分是你的Q grader資格只有36個月的期限，當一名Q grader的證照達到三年的年限，就必須重新進行一次考核，確認他的感官能力能夠繼續客觀的為咖啡鑑定品質——這點就跟登山嚮導的資格年限一樣是三年。讓Q grader證照非常具有指標性，因為其他的咖啡考試通過以後不會有資格期限的規定，所以在國際上的咖啡賽事會認可具有Q grader身

分的鑑定師。截至目前在Q grader官網依舊保有這項資格的專業鑑定師有五千名左右，咖啡產地、烘焙廠以及咖啡廳都可能看到這些人的身影，因為這些職人的努力，讓我們可以喝到越來越高品質的咖啡。

事實上，Q grader證照僅僅說明了一件事：通過審核的人具備與全世界咖啡產業人士溝通的能力。這個情形很像你考語言鑑定一樣，通過這些鑑定可以知道你會說這種語言，但無法量化你的文字造詣。Q grader也是一種語言，是咖啡產業討論品質時使用的溝通方式，接下來我們會與大家分享Q grader在破解咖啡時使用的三種工具。

咖啡36味聞香瓶組，瓶蓋上的編號都對應一種味道，並附有一本說明書解說每一種氣味。

咖啡聞香瓶組—— 掌握咖啡36味

不知道有沒有讀者在讀到咖啡36味的時候，好奇這些咖啡師是怎麼去定義香氣的嗎？就像是蘋果味有很多種，難保我講的蘋果是紅蘋果，但你理解成青蘋果。在Q grader的訓練裡頭，咖啡36味已經收錄在了香氣味譜之中，這套包含了36味氣味的工具被稱為「咖啡聞香瓶組」。這組聞香瓶是法國酒鼻子公司（Le Nez du Vin）推出的專門給咖啡評鑑員的酒鼻子咖啡版（Le Nez du Café 直接翻譯是咖啡鼻子）。酒鼻子原本是紅酒鑑賞用的聞香瓶，它結合了歐洲香水工藝與葡萄酒鑑賞知識，把會出現在紅酒的味道用一些濃縮與合成的方式製作成了一罐罐的聞香瓶，當品酒師拿出某個號碼的聞香瓶，並且運用這個味道去形容紅酒時，世界各地無論是哪裡的品酒師都不會誤會彼此的意思。

咖啡聞香瓶改良自紅酒版本，這套聞香瓶被納入了Q grader的訓練與考試，36味聞香瓶會被分成四組分別測驗，Q grader必須答對眼前的聞香瓶是四個群組裡的哪一種風味。這項訓

練的目的就是統一Q grader的語彙，之前受測的時候我常常是死背某些味道的，一個原因可能是屬於亞洲人不熟悉的味道——例如印度香米，另一個原因則是因為我並不覺得那個味道跟其指涉的味道一樣——例如「胡桃味聞香瓶」給我的感覺更像芹菜的味道，所以我當時就是以「聞到芹菜代表聞到胡桃味」來應試，很多時候是透過自我轉譯的方式去認識這些風味。聞香瓶組的味道不一定如你預期的味道，這也跟飲食文化有關，因為這套聞香瓶是歐洲人設計的，所以在使用上也是依照歐洲人的習慣。

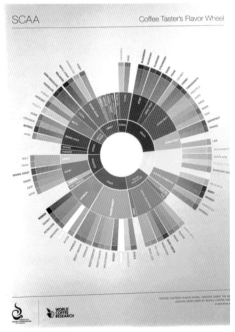

SCAA咖啡風味輪雖是實用工具，但美麗的色彩設計常被當作海報展示。（照片提供：KoKo Lai）

一般讀者如果想要開發感官，我覺得不一定要花大錢買咖啡聞香瓶，反而利用生活中的經驗去捕捉風味比較實際。但當你是比較專業性的用途，或者你希望可以跟更多人「溝通」，咖啡聞香瓶會是一個很不錯的實用工具。

✖ 咖啡風味輪——
認識台灣版風味輪

第二項工具叫做風味輪（flavor wheel），是一套具有邏輯與系統的咖啡辭彙庫，能夠幫助我們更快速找到我們想要形容的味道，就像是咖啡界中的「提詞機」。如果說咖啡風味是一種語言的話，風味輪就像是一部字典，可以幫助我們找到想要使用的語言。

它是一個充滿色彩的同心圓，裡面涵蓋了接近90種的風味詞彙。原版的風味輪在1995年完成設計，當初的風味輪有兩個同心圓，左邊的同心圓屬於負面風味及其生成原因，右邊的同心圓則涵蓋了味道與香氣。2016年由美國精品咖啡協會SCAA與世界咖啡研究室WCR聯手設計了新版風味輪，改版一部分的原因是把二十年來翻新的感官科學基礎放入新的風味輪，一部分則是因應產業內對精品咖啡形容

詞彙的需求。

　　然而SCAA咖啡風味輪對於台灣的民眾來說，其中的許多風味如：黑莓、楓糖等，偏向國外日常飲食文化，不是我們所熟悉的味道，讓一般人難以親近。針對此，微光咖啡創辦人——余知奇所整理設計的「台灣版咖啡風味輪」（下載網址為https://reurl.cc/aYZ5l），篩選掉部分我們陌生的風味、加入更多台灣在地所熟悉的食物、素材，例如：龍眼、荔枝、醬油等等，並將16個基調風味圖像化，每種風味也運用色彩視覺化，讓一般

人在品嚐或嗅聞咖啡時，更易於使用在辨別風味上。

✖ 杯測表—— 透過文字鍛鍊感官能力

　　第三種工具是Q grader最重要的工具——杯測表，在檢試Q grader的考核裡面就有四項考試是在測驗寫杯測表的能力。杯測表就是一名Q grader對咖啡品質所做的完整報告，裡面包含了最後的杯測分數，以及這個分數背後所擁有的品質細節，考試中受試者的分數必須達到與主考官近似的分數

台灣咖啡風味輪

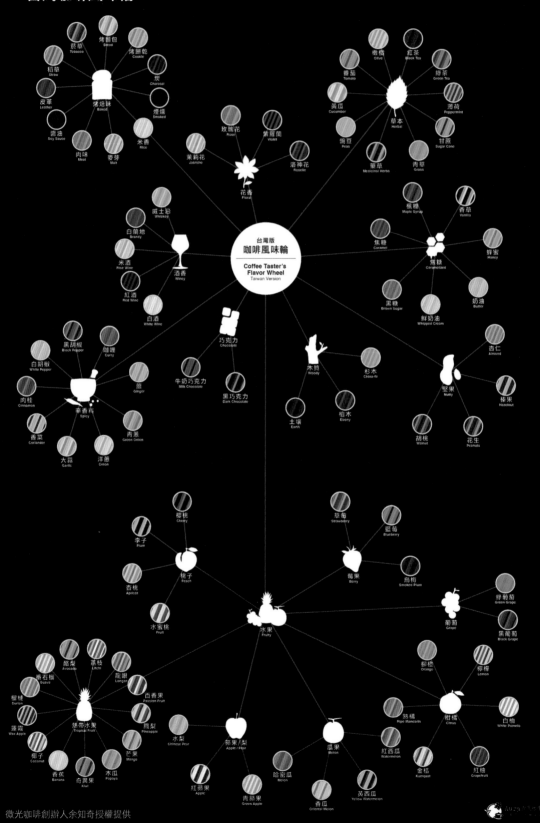

台灣版
咖啡風味輪
Coffee Taster's
Flavor Wheel
Taiwan Version

烘焙味 Baked
菸草 Tobacco
烤麵包 Bread
烤餅乾 Cookie
稻草 Straw
炭 Charcoal
皮革 Leather
煙燻 Smoked
醬油 Soy Sauce
米香 Rice
肉味 Meat
麥芽 Malt

花香 Floral
玫瑰花 Rose
紫羅蘭 Violet
茉莉花 Jasmine
洛神花 Roselle

草本 Herbal
橄欖 Olive
紅茶 Black Tea
番茄 Tomato
綠茶 Green Tea
萵瓜 Cucumber
薄荷 Peppermint
豌豆 Peas
甘蔗 Sugar Cane
藥草 Medicinal Herbs
青草 Grass

焦糖 Caramelized
楓糖 Maple Syrup
香草 Vanilla
焦糖 Caramel
蜂蜜 Honey
黑糖 Brown Sugar
奶油 Butter
鮮奶油 Whipped Cream

酒香 Winey
威士忌 Whiskey
白蘭地 Brandy
米酒 Rice Wine
紅酒 Red Wine
白酒 White Wine

巧克力 Chocolate
牛奶巧克力 Milk Chocolate
黑巧克力 Dark Chocolate

木質 Woody
杉木 China-fir
土壤 Earth
檀木 Ebony

堅果 Nutty
杏仁 Almond
棒果 Hazelnut
胡桃 Walnut
花生 Peanuts

辛香料 Spicy
黑胡椒 Black Pepper
咖哩 Curry
白胡椒 White Pepper
薑 Ginger
肉桂 Cinnamon
香菜 Coriander
青蔥 Green Onion
大蒜 Garlic
洋蔥 Onion

水果 Fruity

櫻桃 Cherry
李子 Plum
杏桃 Apricot
桃子 Peach
水蜜桃 Fruit

草莓 Strawberry
藍莓 Blueberry
莓果 Berry
烏梅 Smoked Plum

葡萄 Grape
綠葡萄 Green Grape
黑葡萄 Black Grape

熱帶水果 Tropical Fruit
酪梨 Avocado
荔枝 Litchi
番石榴 Guava
龍眼 Longan
百香果 Passion Fruit
榴槤 Durian
鳳梨 Pineapple
蓮霧 Wax Apple
椰子 Coconut
芒果 Mango
香蕉 Banana
奇異果 Kiwi
木瓜 Papaya

水梨 Chinese Pear
蘋果/梨 Apple / Pear
紅蘋果 Apple
青蘋果 Green Apple

瓜果 Melon
哈密瓜 Melon
香瓜 Oriental Melon
紅西瓜 Watermelon
黃西瓜 Yellow Watermelon

柑橘 Citrus
柳橙 Orange
檸檬 Lemon
熟橘 Ripe Mandarin
白柚 White Pomelo
金桔 Kumquat
紅柚 Grapefruit

微光咖啡創辦人余知奇授權提供

（正負2.5分）才算合格。

杯測表的功能是將風味經驗具體文字化，對於每一位想要精進感官能力的人都是非常重要的內功。即使是通過Q grader認證的鑑定師，也必須透過日復一日的寫表來鍛鍊他的感官能力。盡量不要一個人寫杯測表，因為寫表當下如果只有你喝過這款咖啡，就不可能有人可以跟你核對這次的感官經驗。寫表最理想的方式是跟著Q grader專業人士一起進行杯測，在同樣感官經驗的基礎下，透過比較兩張杯測表的差異來學習，你就能知道自己是否在評分上有太寬鬆或太嚴格的現象，也可以從風味筆記中找到自己喝出來與沒喝出來的咖啡風味。

⊙SCAA杯測表

杯測表中包含了前文所提的咖啡十種品質的評分，總分獲得80分以上就可稱為「精品咖啡」。

第 **2** 篇 選咖啡

　　品味是對生活的講究，有品味的人不會隨隨便便妥協，為了品質他不貪多，甚至有時候願意忍受一些不方便。曾經有位威士忌品酒師告訴我，當你越推廣品味的時候，其實會讓酒精上癮者越來越少，因為當你有品味以後，你不會想要讓威士忌麻痺你，你享受的是威士忌的美妙而不是酒精而已。所以一個有品味的咖啡愛好者，理所當然會選擇自己要喝的咖啡，你會沒辦法「將就」某些咖啡。

　　對品味的講究不是吹毛求疵，我認識的各種領域的品味者在實際生活上也不見得非常龜毛，但好像普遍都奉行著「少即是多」的精神。對咖啡有品味的愛好者不一定非要喝很大量的咖啡，也不見得有咖啡因上癮症。但可以確定的是他們會非常明智地選擇適合自己的咖啡。在「選咖啡」的篇章中，希望給大家在「如何聰明買咖啡？」、「如何挑咖啡？」這些問題中一些實用的建議。

為什麼咖啡店的菜單我都看不懂？

喝咖啡的人其實可以分成兩個族群，一種是在咖啡廳喝咖啡的人，另一種是會買咖啡豆在家煮咖啡的人。我們先來談談喜歡在咖啡廳喝咖啡的人該怎麼選咖啡？

仔細回想一下，當你進到咖啡館會把菜單從頭到尾讀完嗎？除了拿鐵、卡布奇諾這種朗朗上口的飲品，你分得清楚什麼是「flat white」？什麼是「piccolo」嗎？菜單上除了「義式咖啡」以外，還有「單品咖啡」？在你還沒真的弄懂什麼是義式咖啡的含義以前，又看到「精品咖啡」，底下

還有什麼處理廠啊、水洗啊很多字，奇怪喝個咖啡怎麼跟處理工廠有關係呢？每一次點咖啡都好像瞎子摸象，我相信你也沒有十足把握等等送上來的咖啡，就是你腦中想到的味道。

看不懂菜單不是消費者的問題，你不需要因為看不懂而覺得是不是自己層次不夠，咖啡館菜單複雜的主因

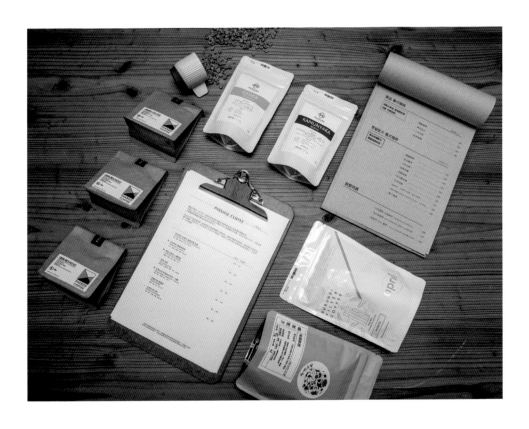

其實有三個：

第一、咖啡的文化非常的久，也非常的廣。喝咖啡的人遍及世界各地，所以人們已經開發了非常多種喝咖啡的方法，有加奶、加酒，或者加糖跟香料，每一款咖啡可能都具有某個地區特別的飲食文化，就連一個咖啡師恐怕都不見得通曉所有的咖啡，我也不認為每個咖啡師都知道什麼是「塞內加爾咖啡」。

第二、人們不斷發明新型態的工具來煮咖啡，義大利人直到二十世紀才發明出可以透過蒸氣高壓萃取咖啡的工具，一千年以前就已經有人類食用咖啡的紀錄，這一千年之間沒有任何人喝過拿鐵。隨著科技與人文的進步，也不斷讓咖啡文化有更多的可能，從最早把咖啡搗碎泡熱水一路到電子儀表板操控煮咖啡，咖啡的多變性讓菜單根本不可能簡單。

第三、影響咖啡的變因太多，以手沖黑咖啡為例，不同的烘焙程度配上不同的果實後製方式，都會使同樣名為「耶加雪菲」的咖啡天差地別，所以負責任的店家會貼心地為你標注它的產地、烘焙度、處理法，其實這麼做無疑是為了幫助你更能夠挑選到適合自己的味道，但有的時候太精細的資訊卻容易產生適得其反的效果，

因為你根本看不懂老闆在寫什麼東西。

其實我們換一個角度來思考，對於一間忙碌的咖啡館來說，店家沒有太多的時間為蜂擁而至的客人一一講授咖啡學，店家當然也希望客人能在點單以前，清楚明白知道自己選擇的咖啡是什麼樣的風味。但是，大部分的客人並不是咖啡領域的專業者，點上一杯對味的咖啡藉此獲得短暫的放鬆及愉悅，才是最重要的。在選咖啡的單元裡，我會深入淺出地為大家介紹一些在咖啡選擇上重要的關鍵詞彙，藉著這些詞彙我們編織出咖啡世界的經緯，希望在你看完以後總是能在咖啡館裡選到對味的咖啡。

從文化因素看懂關鍵字，
破解咖啡館菜單

我們常常因為一款咖啡有很多種稱呼而被混淆，假設先把複雜多變的義式咖啡撇開不論，你會忽然發現菜單變得很單純的兩條軸線，第一個類型是以「文化因素」命名的品項，和第二種類型以「萃取方式」命名的品項。用這個角度來破解菜單的時候一切都會簡單許多，先看看這個品項是不是名詞，可能是某個國家的名字，那這種咖啡大概就是我們所說的第一種類型。

因 文化因素被命名的咖啡通常有一個共通點，他們通常會被冠以該國家的名字當作稱呼，這代表它們有很大的可能是從那個國家被發明，但是它可能已經流行於世界各地。最有名的案例就是星巴克，星巴克把「義大利咖啡」，這種風味與類型的咖啡融入了摩登上班族的生活裡，變成全世界最暢銷的咖啡文化，你在星巴克可以點到的品項，幾乎都是義大利咖

啡的一部分。

　　然而這種從國名去取名的咖啡很難從字面上就知道味道，這類的咖啡如果你沒有實際喝過，根本沒辦法透過文字形容。像土耳其咖啡就是源自阿拉伯世界的飲食文化系統，它無法抽離整個阿拉伯民族生活的紋理，單純去考察它的煮法跟形式倒不如實際喝一杯吧！我會建議你在菜單遇到這種分類的時候，不妨把它當做一場異國小旅行，用開放的心去經驗不同民族享用咖啡的方式吧！

❖ 咖啡的起源與世界各地的咖啡

　　想要深度探究這類的咖啡，我們還需要稍微回顧一下人們開始喝咖啡的歷史。喝咖啡最早的起源，大抵都會提到「跳舞的山羊」的故事，這個故事很有名但也有很多種版本，仔細比對各種故事版本，最大的相同點就是講述一名牧羊少年發現羊群因為吃了某種果實因而興奮不已，接著嘗試食用這種果實發現可以提振精神，因此發現了咖啡。不過比起果實，山羊更喜歡啃食植物的葉子與樹皮，所以故事的真實性恐怕不足以拿來參考。在人類使用咖啡的前段，許多宗教修行者會把咖啡當作長時間保持精神的飲料，這點就好像茶葉與佛教的關係

一樣。人類在開始使用咖啡這種植物的時候，是用它的葉子跟果實，直到人們第一次發現經過火烤的咖啡種子帶有迷人香氣以後，飲用咖啡的文化才逐漸成形。

　　咖啡這種植物最早被發現在衣索比亞的西南邊，是原始森林底下的常綠灌木，無巧不巧人類的起源也是衣索比亞，在衣索比亞的人們流行的咖啡煮法叫做「Buna」。「Buna」並沒有太多精緻繁複的動作，單純的將烘熟的咖啡豆敲碎，用滾燙的沸水浸泡然後倒入碗裡。在衣國「Buna」與其說是一種沖煮手法，更貼切的來說是一種迎接貴賓的儀式。這裡我們不會多作介紹，因為在現代的咖啡館裡頭，已經不太可能出現「Buna」讓你選擇。

　　很長的一段時間，咖啡是屬於阿拉伯世界的神祕飲品，直到了十六世紀鄂圖曼土耳其帝國的世紀戰爭才讓咖啡進入了歐洲的基督教世界。當

時的西方世界還為了這種神祕飲料爭論不休，到底咖啡是惡魔的誘惑抑或是上帝親吻的果實？這個爭論直到愛咖啡的教皇克雷芒八世認可咖啡才停止。如果你對咖啡的文化歷史有興趣，史都華·李·艾倫的《咖啡癮史》是很推薦的一本書。接下來我們要把目光放在現代咖啡館常出現的咖啡品項進行介紹。

●土耳其咖啡

　　土耳其咖啡盛行於阿拉伯回教國家，相較於受歐美影響的亞洲咖啡館，土耳其咖啡在一般咖啡店的菜單裡也比較少見。土耳其咖啡利用長柄的銅製咖啡壺沖煮，相對於一般過濾式的咖啡，土耳其咖啡是不濾渣的，喝得到濃郁飽滿的口感。常聽到土耳其咖啡留下的咖啡渣可以算命，據相信算命的朋友透露，這種占卜方式相當講究日期，規定只能用右手持咖啡杯，並且不能加糖加奶。當然，如果你只想要純粹享受一杯咖啡，就把它當作趣聞聽過就好了。

●越南咖啡

　　越南咖啡是一種獨特的調飲咖啡，使用的工具是頗具特色的「越南咖啡壺」，這種咖啡壺是一種使用「金屬濾網」作為介質的滴濾式沖煮工具。通常會用極深烘焙的咖啡萃取出濃郁的咖啡後加入煉乳，形成一種獨到的口感。另外，在烘焙的過程中，越南咖啡是少數會將奶油或者香料加入一起烘焙，讓咖啡豆在烘豆機的鍋爐中吸收奶油香氣或是香料的味道。

　　越南也是重要的咖啡生產國，占全球咖啡貿易出口第一名，雖然不受精品咖啡業者的青睞，但越南的咖啡豆卻供應了世界上絕大多數的商業咖啡。

●愛爾蘭咖啡

　　愛爾蘭咖啡其實應該歸類在調酒。這種咖啡會將「義式咖啡」中的濃縮咖啡倒入專用的「愛爾蘭咖啡杯」，再將威士忌等配方加入調製。遇到菜單上有愛爾蘭咖啡要懷著感恩的心，因為要做一杯正統的愛爾蘭咖啡不是那麼簡單，你需要愛爾蘭威士忌、砂糖、新鮮的鮮奶油以及作為基底的黑咖啡。雖然備料單純，但其中的細節卻是你想不到的費工。

●荷蘭式咖啡

　　但如果聽到荷蘭式咖啡請不要懷疑，指的也是「冰滴咖啡」。荷蘭式

咖啡最大的特點在於「長時間」以及「低溫」的萃取方式，相較於常態的熱水「煮」咖啡，荷蘭式咖啡反其道而行，使用常溫或者加了冰塊的冷水來釋放咖啡的風味。由於溫度越低，咖啡的萃取和發酵速率會越低，越需要時間，所以荷蘭式咖啡會利用調節閥讓水以較慢的速度通過咖啡粉，大致會以一秒至三秒一滴的速度滴入咖啡粉層中，也因此被稱為冰滴咖啡。

● 塞內加爾咖啡

這是一款冷門的咖啡但相當值得介紹，塞內加爾是位於西非的一個小國家，這款咖啡特別的地方是會在咖啡尚未烘焙以前加入胡椒與各類辛香料，烘焙之後透過石臼搗磨成粉，用

濾布過濾掉渣之後飲用。塞內加爾咖啡據傳原來是藥用的咖啡，但後來逐漸成為國人日常的飲品，目前似乎也開始流行於西非各國。我並沒有在台灣喝過這款咖啡的經驗，但雀巢咖啡在2010年曾經推出過名為「圖巴咖啡」（也就是塞內加爾咖啡的別稱）的咖啡。

● 古巴咖啡

古巴咖啡是一款從義式咖啡延伸出來的甜品，也會被當成是咖啡雞尾酒的基底。煮的方式與義式咖啡幾乎一樣，萃取的器材有人使用濃縮咖啡機，不過小家庭通常會使用摩卡咖啡壺，與一般義式咖啡不同的地方是在於沖煮的濾杯裡頭加入蔗糖（注意，不是煮完之後放糖）。蔗糖在古巴是相當重要的經濟作物，也讓蔗糖大量的出現在庶民的飲食之中。古巴咖啡可以被當作咖啡文化與民族社會環境融合典型的範例，在哈瓦那的咖啡館裡頭，你能輕易地點上一杯加入了不同年份威士忌（或者蘭姆酒）的「cuban shot」。

上述的咖啡種類只是從廣大的咖啡文化抽取出來的一小撮樣品而已，如果有機會到異地旅行不妨也走進當地的咖啡館吧！

1. 冰滴咖啡據傳是航海時代的荷蘭水手發明的，將冷開水或冰塊裝入上層的盛水器內，底端有一個控制水流量的調節閥，咖啡粉裝入中間的管子裡，讓水一點一滴萃取而出。
2. 中東與非洲一帶，會將豆蔻、肉桂等香料加入咖啡之中一起沖煮，創造濃郁的風味。
3. 長柄的銅製咖啡壺是土耳其咖啡最顯著的特色。
4. 使用金屬濾網的越南咖啡壺，沖煮出的咖啡口感醇厚，加上煉乳形成獨特風味。
5. 加入了威士忌、糖及鮮奶油的愛爾蘭咖啡，喝時不需攪拌，喝一口即可嚐到咖啡與酒香交融的滋味。
6. 在很多國家中，糖是品飲咖啡時不可缺少的配角。

✖ 咖啡的Hollywood——
淺談全球化的義式咖啡

　　你一定喝過拿鐵、卡布奇諾吧？你知道這些飲料全都是義式咖啡的一種嗎？義式咖啡起源於義大利，在美國得以發揚並以強勢文化的一環席捲全世界，這個模式與好萊塢席捲全球電影市場如出一徹。但就與許多文化接軌世界的過程一樣，義式咖啡的文化也在影響世界的過程中，與各種飲食文化交融、創新，所以我們大部分所接觸到的義式咖啡已經不是使用義大利傳統的咖啡沖煮方式，而是經過改良設計後的新型態義式咖啡，它們是以「濃縮咖啡（Espresso）」作為基底的飲品，結合牛奶、奶油、酒精、香料等變化，發展出數以百計的創意飲料。在一年一度的世界咖啡師大賽裡，選手除了較勁誰的濃縮咖啡比較

透過義式咖啡機高壓萃取出濃縮咖啡。

好喝，還要同時做出牛奶咖啡與跟濃縮咖啡有關的創意飲品，而這股風潮帶動了義式咖啡文化，讓新的能量能使這棵大樹更為壯觀。義式咖啡有以下兩大特色：

　　第一是「製作的快速性」，在傳統義大利的咖啡廳裡，每天動輒百杯的消費量，在諸多咖啡飲品裡也只有義式咖啡可以應付得來。一杯經典「濃縮咖啡」的製作，熟練的咖啡師從點單、製作到送到客人面前甚至不用三分鐘。而客人往往也是迅速的一飲而盡，這就形成義大利咖啡館特殊的風景——立吧（Stand Bar），客人就是來到咖啡店補充一劑強而有力的咖啡因，然後繼續動身前往下一個行程。

　　第二是「咖啡風味的強烈性」，「濃縮咖啡」是所有義式咖啡的基底，它的煮法是利用高壓水流把芳香物質油脂逼出來，進而形成了特殊的金黃色泡沫稱為「Crema」，集結了咖啡豆裡最香的精華，也強化我們在品飲上對於稠度的感受。當初這種飲品被翻譯成中文的時候，可能也是基於這種高壓萃取把精華「濃縮」，所以才叫濃縮咖啡吧？

　　除了高壓萃取，濃縮咖啡會用相當高的濃度來沖煮咖啡，義式咖啡

的粉水比例大概是「一比二」之間，也就是說一次沖煮如果使用了18公克的咖啡粉，義式咖啡只會煮出36公克的咖啡。提供大家一個參考基準點，手沖跟虹吸咖啡的粉水比例大概落在「一比十」一直到「一比十五」這個比例，所以「Espresso」被叫做濃縮咖啡完全是有道理的。這樣的高濃度可以使濃縮咖啡在加入其他調味以後，也不會散失其咖啡的香味與醇厚度，最簡單的例子就是濃縮咖啡與牛奶結合的拿鐵，會比用手沖黑咖啡與牛奶結合，高出很多的咖啡味。

濃縮咖啡（Espresso）表面覆蓋一層綿密的金黃色咖啡油脂Crema，是一大特色。

杯測師筆記

濃縮咖啡的咖啡因含量是最多的嗎？

　　很多人認為濃縮咖啡表現出的強烈風味，代表它的咖啡因比其他種咖啡品項來得多，其實這是一個我們從直觀感受以及翻譯名稱（濃縮聽起來咖啡因超濃縮）所形成的迷思。事實上咖啡因的釋出跟兩個條件有直接關係：「沖煮時使用的水溫」以及「水跟咖啡粉作用的時間長度」。如果你有了這樣的認知，便知道濃縮咖啡所使用的溫度並不會是所有沖煮法裡面最高的（約略92～96度），而且它屬於短時間沖煮（約略20～30秒），所以咖啡因是相對少的。從數據統計來看，在一樣容量的飲品中，濃縮咖啡加牛奶製成的拿鐵咖啡因含量占75毫克，而美式咖啡則是150毫克，至於滴濾式咖啡則有240毫克的咖啡因。

✖ 點一杯義式咖啡吧！

你知道嗎，如果我們把全世界的咖啡廳菜單通通拿去做「字頻分析」——某些字在特定文章內出現的頻率，「拿鐵」、「卡布奇諾」、「摩卡」可能都會出現在字頻分析裡榜單的前幾名。菜單直接反映了顧客的需求，代表這幾項義式飲品可能算得上全世界人類最喜歡的咖啡飲品吧！以下選錄義式咖啡飲品中最常出現的品項，透過解說可以更清楚選擇你想要的義式咖啡。

● Espresso濃縮咖啡

不怕你笑，我第一次點濃縮咖啡是因為它的價格比其他品項便宜。點完之後我嚇一跳，因為濃縮咖啡只有

義式咖啡的種類

ESPRESSO
濃縮咖啡
30ml

LATTE
拿鐵咖啡

CAPPUCCINO
卡布奇諾

MOCHA
摩卡咖啡

CON PANNA
康寶藍咖啡

MACCHIATO
瑪奇朵咖啡

AMERICANO
美式咖啡

PICCOLO
短笛咖啡

FLAT WHITE
小白咖啡

● 義式濃縮咖啡　● 奶泡　● 巧克力　● 熱牛奶　● 鮮奶油　● 熱水

30cc，大概就是超市那種試飲活動的杯子大小。沒有心理準備的人請不要隨便點濃縮，因為它的味道真的超級強烈！

濃縮咖啡有時候被認為是行家才會點的飲品，因為要想煮出美味的濃縮可能要咖啡師長年的功力，普通的打工仔只會煮出又苦又澀的濃縮咖啡。義式咖啡因為萃取的原理比較特別，所以它會放大所有的優點與缺點，沖煮的功力、烘豆的功力全部都會在這30cc中誠實的展現。

有時候如果你點濃縮咖啡，咖啡師還會問你是要「單份single shot」或是「雙份double shot」，這是因為濃縮咖啡在沖煮的過程裡會有分流槽，將咖啡引入兩個小杯中，所以只要你選double shot就會是全部的濃縮（總共60cc）。

●Latte拿鐵咖啡

「Latte」的字義是牛奶，在歐洲國家如果想點拿鐵，你一定要說出拿鐵咖啡的全名「Coffee Latte」，否則你拿到的會是一杯牛奶。在歐美澳地區的拿鐵，比較小杯容量大概在240ml

義式咖啡的種類繁多，也是讓咖啡風迷全世界的重要功臣。

左右。濃縮咖啡與牛奶的比例會是1:5～1:6之間，拿鐵的奶泡大約是1公分以下的厚度，奶泡同時會帶有流動性，所以許多咖啡色會利用這個特色做出牛奶與咖啡的黑白間隔，做出各種圖案與線條，這個步驟在拿鐵稱作「拉花」（Latte Art）。

台灣的拿鐵份量通常在280ml到300ml之間，因為量比較大所以有的店家會使用雙份的濃縮咖啡——就是我們剛才提過的「double shot」，台灣的拿鐵牛奶比例會更高，並且有多種的「調味果露」產生出各種「風味拿鐵」。拿鐵因為高比例的牛奶融合的咖啡的味道，與此同時又加強了整體的甜味與圓潤度，如果你想喝咖啡味輕一點的義式咖啡，拿鐵是好選擇。

義式濃縮咖啡幾乎是咖啡館不可或缺的基底，藉此調製出各種咖啡飲品。

●Cappuccino卡布奇諾

「Cappuccino」的字源來自義大利文，原本的「Cappuccino」是形容天主教修行人的棕色袍子，但因為這種咖啡的顏色很接近，所以也把它暱稱「Cappuccino」，更早之前的名字反而沒有流傳下來。

幾乎所有的義式咖啡都有「歐美澳版本」跟「台灣版本」的區別，該說是台灣人喝的比較特別嗎？歐美澳版本的卡布奇諾是150ml～180ml，台灣版的則很隨性，至少從180ml～360ml我都看過。

我認為卡布奇諾的特色是帶有彈性與厚度的綿密奶泡，但我在台灣很少喝到正規的卡布奇諾，一般情況下拿鐵跟卡布的區隔沒有非常嚴謹。卡布奇諾的濃縮劑量與拿鐵相同，牛奶的比例則少於拿鐵，同時會將更多的空氣注入奶中產生，奶泡的厚度會超過1公分。如果你想喝咖啡味更濃一點的義式咖啡，但還沒心理準備接受濃縮以前，卡布奇諾是會是你的選擇。

●Mocha摩卡咖啡

摩卡咖啡不好解釋，它就好像在一個公司裡同時有三個叫張三的人一樣，你很容易誤會到底是哪位？「摩卡」一詞，不僅是一個產地，也是一

種咖啡品種，還是一種義式咖啡的飲品。以前葉門的摩卡港出口的咖啡稱為摩卡咖啡，這種咖啡具有巧克力的風味特性，不知道是否是基於這個特徵，讓後來的人把加入巧克力的義式咖啡稱為「摩卡咖啡」。

在義式咖啡菜單裡的摩卡咖啡，不見得是使用來自葉門摩卡的豆子，更不一定是摩卡種的咖啡豆。這裡的「摩卡咖啡」單純指的就是加入巧克力的牛奶咖啡。摩卡咖啡比起拿鐵好像更有魅力，想想一杯同時有咖啡、奶香與巧克力香，三合一的迷魂香氣誰能抗拒呢？

●Con Panna康寶藍咖啡

康寶藍咖啡的核心是新鮮的鮮奶油，做法非常簡單但卻雋永，濃縮咖啡中擠上鮮奶油，就這樣。雖然做法

簡單，但喝法就有各種派別了，分開喝者有，攪拌融合者有，分層分次喝者有。萬法歸宗還是濃縮加鮮奶油，這道菜單也是店家對自家手藝的自信展現，畢竟它與單喝濃縮已經很接近了，所以點上一杯康寶藍咖啡，憑的就是你有多信任這個咖啡師了。

●Macchiato瑪奇朵咖啡

「Macchiato」是義文「標記」、「烙印」的意思，正宗的「瑪奇朵咖啡」跟「康寶藍咖啡」類似，把鮮奶油改成奶泡而已，一杯濃縮咖啡裡頭倒入一點由牛奶所打發出來的奶泡，這道咖啡有淡淡的奶香，但有絕對的咖啡味。許多咖啡館會選擇加入焦糖，轉變成「焦糖瑪其朵」反而是超高人氣的飲品。

●Americano美式咖啡

這邊的美式咖啡並不是用滴濾咖啡壺煮出來的咖啡，而是將濃縮咖啡加水稀釋以後所製成的飲品。最早在義式咖啡文化西進美洲大陸時，美國人喝不慣強烈的濃縮咖啡，於是想出來加水稀釋的方法，使得義式咖啡這種快速沖煮的文化順利風靡全美。

我覺得喝美式咖啡是學習品嚐濃縮咖啡很好的一種練習，如果剛開始

喝不慣濃縮咖啡，但是又想學習品嚐的朋友，不妨從美式咖啡開始，因為降低濃度可以幫助你更容易喝到咖啡的味道，隨著你的練習次數逐步減少稀釋的水量，過不了多久你就能直接面對濃縮咖啡了。

●Piccolo 短笛咖啡

「Piccolo」是短笛的意思，由澳洲的義式咖啡文化發展出的新飲品，並發揚光大風靡到了歐洲本土與美國地區。起因是許多澳洲咖啡的烘焙程度不深，所以將原來拿鐵的容量縮小為90ml，目的是為了保留原本咖啡的味道。在這裡要提醒，不要把短笛咖啡跟瑪奇朵咖啡搞混了喔！瑪奇朵咖啡的容量差不多是30ml加上一點奶泡（不是牛奶），所以短笛咖啡在比例上會更像是縮小版的拿鐵咖啡。

●Flat White 小白咖啡

澳洲與紐西蘭的咖啡文化常常像隔絕文明的加拉巴哥群島一樣，孕育出自己獨特的亞種，在義式咖啡文化進入紐澳地區的兩百多年間，也隨著地域的隔離演變出獨步全球的咖啡文化，短笛咖啡是一種，小白咖啡也是。

「Flat White」從字面上的翻譯，感覺好像是指一杯飲料上頭有一層平平的白色，它的容量不固定一般會在150ml～210ml左右。咖啡味介於卡布奇諾與拿鐵之間，奶泡的厚度比拿鐵更少，通常在5mm～8mm左右。其實它的做法與調製比例非常的開放，至今眾多咖啡師們也都還在為「Flat White」正規的配方比例爭論不休。

不管如何，Flat White已經從紐澳飄洋過海紅遍世界，就連許多知名咖啡連鎖也開始在菜單加入了這個新血，例如：星巴克的「馥列白」即是小白咖啡。

上述的義式咖啡大概涵括了菜單上熱門的飲品，其實單純與牛奶調和的義式咖啡就有五項，然而我們也不用如此嚴肅去點咖啡，因為這些簡單的概念也只是為了幫助讀者們，快速地去理解每種咖啡之間的差別。但是，有哪一間餐廳做菜每天每次都嚴格依照菜譜比例的？所以大多數的咖啡店還是會依著實際的情況為自己的咖啡做一些比例的調整，所以你也不用意外怎麼在這裡喝的拿鐵，在另一間店像是卡布奇諾？我覺得義式咖啡的創意性與趣味性是這個文化最重要的DNA，找到你對味的咖啡比它叫什麼更重要，對吧？

從萃取方式看懂關鍵字，
破解咖啡館菜單

能夠破解菜單的第二個關鍵字是「萃取方式」，我們常常聽到的手沖咖啡、虹吸咖啡這些名字都是其中一種萃取的方式。菜單的複雜源自於有一些咖啡有雙重身分，比方說冰滴咖啡講的是它萃取的方式，但是又有些人叫這種咖啡是荷蘭式咖啡。而有些咖啡可能只會有一種名字，像手沖咖啡其實最早是德國人發明的，但沒有人把手沖咖啡叫做「德國咖啡」。當你一旦熟悉每種萃取方式帶來的風味變數，就代表你在選咖啡的時候越來越像咖啡達人了。

如果在咖啡菜單上，你看不出來某個咖啡品項是不是一個地名，你可以看看這個品項是不是一種「動作」，例如：「手沖」是指我們用壺將水沖入濾杯的動作，「冰滴」是形容冰塊融化成水珠滴入咖啡粉的動作，當一個菜單的名字是在描述一種動作的時候，就代表它是用「萃取方式」來命名的咖啡。以動作來命名的咖啡很多，但是萃取方式只有滴濾

嗎？老師會給我們一包砂糖跟食鹽，這些可以在水裡溶解的物質稱為溶質，在此時水就是溶劑。老師會要求大家將溶質秤重以後倒入水中，這些糖跟鹽在放入一定程度以後就停止溶解沈澱在水底，這就是飽和狀態。在小學的實驗中，我們會知道定量的水在普通情況底下，放入多少溶質會達到飽和狀態。飽和狀態就是代表這杯水不可能再溶解任何溶質。

我們在煮咖啡的過程中，水會把咖啡粉裡可以溶出的溶質溶解進水裡，也就是這些能夠被融進水裡的物質成就了一杯咖啡。如果分析其中的成分，整杯咖啡中會有98％到99％的成分是水，能夠讓這98％的水變出千香百味的神奇物質就是那些融入水裡不到2％的溶質。

當然，咖啡的成分裡面不可溶於水的物質占了大多數，這些不可解的物質通常會是植物本身的纖維，所以在煮完咖啡的時候才會留下咖啡渣。人們之所以不斷改進煮咖啡的工具與技術，其實就是為了去改變溶解在水裡的那些溶質的比例與成分。專業的咖啡師會計算有多少咖啡粉裡的可溶性物質成功的溶解到了水裡，而這個比例就被稱作為「萃取率」。

式、浸泡式、加壓式三種。

在菜單上選咖啡的時候，如果遇到萃取方式命名的咖啡比較能夠預期喝到的咖啡風味，如果我點的是手沖咖啡，手沖咖啡屬於「滴濾式萃取」的方法，所以我就知道，接著送上來的咖啡並不會有其他種萃取方式的風味特徵。

✖ 咖啡是如何被萃取的？

「咖啡萃取」指的是咖啡粉藉由水將物質溶出的整段過程。還記得在國中理化課或國小自然課的溶解實驗

⊙影響萃取率的五種基本元素

1 溫度

在小學的溶解實驗中可發現當溫度提高的時候，原本呈現飽和狀態的糖水可以放入更多糖進行溶解。因為煮咖啡的時候溫度會直接影響萃取率，所以在萃取原理上，會把焦點放在每一種萃取方法所使用的水溫。

2 攪拌次數與力道

攪拌糖水是不會增加溶解率的，但是兩杯一樣還未達到飽和狀態的糖水，經過攪拌的糖水能更快速將糖溶解。在煮咖啡的過程，會去注意任何一種擾動咖啡粉的方法——不管是用木棒攪拌或者是用水流擾動，原則上擾動咖啡粉的力道與次數，也會與萃取率呈現正相關。

3 時間

因為不是所有能溶於水的咖啡物質都是形成好喝的味道，所以會透過時間來控制萃取的進程。只要時間不停下，咖啡就會持續一直在溶解，這個時候不論是好喝的溶質、不好喝的溶質全部都會溶進你的咖啡。但是，時間的控制必須配合其他幾個的參數，簡單來說，溫度越高的萃取就必須用越短的時間。

4 咖啡粉的粗細

越細的咖啡粉代表溶質越能輕鬆溶於水中，產生比較高的萃取率。好的咖啡師會利用咖啡粉的粗細，來影響萃取率的高低。

5 壓力

改變壓力會使整個沖煮的環境都變得不同，高壓力的咖啡萃取，會讓某些原本難溶於水的物質也跟著融進水中，跟其他無壓力因素的萃取方式在風味上會有極大的差異。

萃取方式 **1** ｜滴濾式萃取

● 風味特色

利用滴濾式萃取的咖啡風味多變，並且在味道上有明顯的層次感，帶有明亮乾淨的口感。一般而言，滴濾式咖啡的味道最淡薄，但容易感受出每一款咖啡豆的風土特色。

● 原理

滴濾式的咖啡都會有一個承裝咖啡粉的「杯子」，這個杯子的底部會有一個或多個孔洞讓水可以流出，中間可能會用不同的媒材擋住更細小的粉末。滴濾咖啡完全是利用水往下流的特性，引導水經過咖啡粉溶出咖啡以後，最後用各種媒材把已經萃取出的咖啡與咖啡粉分離。

這個承裝咖啡粉的杯子有一個專門的名字叫做「濾杯」，這個杯子沒辦法拿來裝水，因為所有的水都會從最底下的孔洞流走。滴濾咖啡就是在裝滿咖啡粉的濾杯中倒入熱水，等水經過咖啡的同時溶解出這些溶質，然後讓這些咖啡液落入濾杯底下的玻璃壺或者馬克杯之類的容器。

● 沖煮重點

這種煮法比較難精準控制時間，因為咖啡是在一個開放性的濾器進行溶解，當水從濾器上方流入以後便會

不間斷從底部流出。在三種萃取方法中，滴濾式咖啡所使用的咖啡粉粗細是介於另外兩者之間的，太粗的咖啡會讓水快速通過粉層，產生淡而無味的咖啡水，太細的咖啡又會讓水無法順利通過粉層，造成咖啡又苦又澀。

在滴濾式咖啡中，水滴入濾杯的強弱、頻率就是影響咖啡粉被擾動的程度，有經驗的沖煮者會根據咖啡的狀態，來改變給水方式。一杯理想的滴濾式咖啡應該要有「香醇」、「乾淨」、「明顯尾韻」、「層次感」等品質。

滴濾式在萃取的過程中溫度下降的程度是三種方法之最，熱水壺會散失熱度，碰到咖啡粉的時候又一次，接觸到濾杯又一次，直到滴入承裝器皿時還有一次，所以用滴濾式煮出的咖啡通常在煮完的當下就已經到可以入口的溫度了。散熱的特性使這類咖啡的萃取率相對比較低，但也因為咖啡粉每次吸水時的溫度不同，造成了風味上的多變與層次感。

滴濾式咖啡中並沒有「壓力」的元素，所以不會探討到壓力對風味的影響。反而是過濾咖啡的媒材對味道的影響更深，不同材質的濾器就像相機的偏光鏡，會帶出咖啡不同的風味。

滴濾式咖啡① 用光陰滴釀香醇的「冰滴咖啡」

滴咖啡的別名是荷蘭式咖啡（DutchCoffee），「Dutch」這個字特別講的是荷蘭民族的意思，會用Dutch也代表這種咖啡並不是在荷蘭本土發明的，而是在航海時期的荷蘭水手流行的沖煮方式。當然，如同許多咖啡的起源一樣，到底DutchCoffee是不是荷蘭人發明也是個歷史懸案，但與其考究真實的咖啡起源史，我們更關心能不能喝到好喝的咖啡。

冰滴是典型的滴濾式設計，標準的冰滴咖啡壺有四個組件構成，由上至下分別是承裝冰塊與冰水的上壺，承裝咖啡粉的玻璃濾杯，承接留下來咖啡液體的蛇管，和承接蛇管的下壺。既然我們是在萃取原理這個章節討論冰滴咖啡，我們就要從「五大萃取元素」的角度來介紹它：剛剛說過滴濾咖啡不存在加壓，所以冰滴咖啡也就是在正常的一大氣壓進行萃取。研磨度中間偏粗，主要依據咖啡新鮮程度進行調整——排氣旺盛的豆子會使濾杯塞住。冰滴咖啡的水流是點滴狀的，像鐘乳岩上落下的水滴，在上壺的底部有一個名叫「節律閥」的水流控制開關，可以隨意調整水滴落下

的速度，翻攪咖啡粉的力道非常輕，幾乎像細雨滴落土壤那般。

冰滴咖啡最大的特色在於低溫與長時間的萃取，冰滴咖啡所用的水溫從常溫水一直到4度的水都有人用，完成萃取的時間非常久，有些營業用的冰滴壺甚至需要用上八個小時進行萃取。「蛇管」的設計也加長了總體的萃取時間，蛇管的形狀就好像纏繞的蛇，咖啡從濾杯中流出後，會被導入蛇管內一圈一圈繞著，最後落到下壺。這是為了幫助冰滴咖啡可以有更大面積與更長的時間與空氣進行發酵。

像冰滴這樣的低溫長時間的滴濾方式，讓冰滴咖啡具有尾韻綿長與柔順口感的特色，並且提高咖啡本身的香醇感又降低酸澀、焦苦的風味。冰

有些冰滴咖啡壺會設計蜿蜒的蛇管，增加咖啡液與空氣接觸以利發酵。

滴的過程中，咖啡會持續進行發酵，讓許多人在第一次嘗試冰滴咖啡的時候，甚至以為這是一款加了酒的特調咖啡。

滴濾式咖啡② 豪放自由派的「美式咖啡」

當哥倫布發現了新大陸之後的幾個世紀，咖啡文化也隨著想追求自由、嶄新人生的這些新移民來到了美國，但是與舊大陸那種繁複講究的咖啡文化截然不同。美式咖啡文化的骨子裡不喜歡被設限，於是最簡單的美式滴濾壺就被發明了出來。

在這裡你是不是會產生一個疑問，我們提過義大利咖啡的品項之中，也有一款咖啡叫做「美式咖啡」（Americano），這兩者是一樣的品項嗎？答案是不一樣的，要如何分辨兩者的區別？一般的咖啡館深受義式咖啡文化影響較深，所以大部分的咖啡店菜單所指的美式咖啡，比較有可能是濃縮咖啡加水稀釋版的「美式」。更靠譜的方式是直接望向咖啡店吧台的工作檯，如果你只有看到義式咖啡的咖啡機——這種機器有一個特點，它有打發牛奶的蒸奶棒，就代表這間店的美式是剛剛說的義式咖啡版本。但是，如果你看到一台咖啡機，並沒

有上述的蒸奶棒，是一個有保溫盤上面放著咖啡壺的機器，那就比較可能是接下來要說的「美式咖啡」。

這種透過滴濾式萃取的美式滴濾壺，在機器設計上講求簡單方便操作，構造也相當單純，一個儲存水的水箱，機器內有一組加熱元件把水加熱，底部有一個或多個讓熱水流出的細孔，當水到達設定溫度的時候，就會從細孔留下，滴進了放置咖啡粉的粉槽，最後流進了承接咖啡的玻璃下壺。許多時候玻璃下壺的底部還會有一個保溫盤，讓咖啡可以保溫。

如同我們說的，美式咖啡不追求那些沖煮技巧，這類的美式咖啡通常出現在家裡的廚房、辦公室的茶水間、飯店餐廳無限暢飲的吧台上，一般是給補充咖啡因的族群使用的滴濾式工具，通常不會納入品味的討論，也很難在正統咖啡館的菜單上點到這種美式咖啡。

滴濾式咖啡③ 職人風範的「手沖咖啡」

講完豪放自由的美式咖啡，接下來提到的滴濾式萃取就是在光譜另一端的「手沖咖啡」了。手沖應該是所有煮咖啡的方式裡面最具表演性的一種，咖啡師的手裡握著各種美麗的

手沖壺，屏氣凝神將水注入一個小巧的濾杯裡頭，咖啡在濾杯中吸水、吐氣、膨脹，從濾杯的下緣你看到琥珀色的液體流入玻璃壺中，同時間咖啡香也跟著瀰漫出來，隨著濾杯內的水全數流出濾杯，一杯手沖咖啡也就完成了。

手沖咖啡的構造與美式滴濾壺沒有太多的分別，最大的不同在於原本機器給水的部分，改成人工判斷與給水。手沖咖啡的文化非常的蓬勃發展，每一年都有新的濾杯、新的手沖壺推出。手沖咖啡易學難精，在第三章我們會介紹更多煮咖啡所需要的技巧。

美式咖啡機也能煮出好咖啡嗎？

市面上便宜的低端美式咖啡機礙於成本考量，時常有加熱不均、水溫不足的問題，加上給水方式通常以小孔洞讓熱水流出，並不會計算到咖啡的新鮮度與排氣量。這樣會讓煮出來的咖啡呈現各種「萃取不足」與「萃取過度」的風味。

然而，近幾年開始，美式咖啡機也走向精品化，除了安裝微電腦控制水溫、注水方式以外，頂級的美式咖啡機還可以雲端下載知名咖啡大師的手沖數據，模擬出一套可以比擬職人名家的手沖咖啡。

萃取方式 2 ｜ 浸泡式萃取

● 風味特色

浸泡式具有香氣飽滿、風味集中的特性，整體的厚實感與口感都十分完整。在相同的萃取條件底下，浸泡式咖啡的味道是三種最平衡的一項。另外，浸泡式的萃取有較高的沖煮穩定性，所以適合用來評判咖啡在烘焙與生豆品質上的優劣。第一章我們曾提過的杯測（Cupping）也是利用浸泡式萃取的方法。

● 原理

浸泡式咖啡的原理最為單純，因為這也是人們最早發明的沖煮方法，浸泡式的方法普遍應用在各種會釋放味道在水裡的食材上，像是茶葉、草藥等等。用泡茶的方式解釋咖啡的浸泡萃取最為傳神，首先將茶葉放進茶壺裡，加入熱水以後靜置幾分鐘，再一口氣將茶水從壺中倒出來即完成。

改良後的浸泡式煮法有很多版本，有單純加入熱水的「浸泡式」，

有在加入熱水後持續用火加熱外壺的「烹煮式」，以及利用虹吸原理引導水的「虹吸式」。不管哪一種方式，浸泡式的大原則就是讓熱水與咖啡粉同時裝入壺內，透過攪拌或者擾動的方式將咖啡的風味溶出，最後在目標的時間將咖啡與水分離。

●沖煮重點

浸泡式的煮法能精準控制時間，因為它是透過封閉性的咖啡壺進行萃取，所以只要讓擔任溶劑的熱水與咖啡分開，就會停止一切的萃取。在五個萃取元素裡，浸泡式對「時間」這

攪拌的手法力道是沖煮虹吸式咖啡的技巧。

項因子的要求最高，浸泡的時間不足則風味稀薄，浸泡的時間超過則風味苦澀、雜味明顯。

浸泡式煮法所使用的研磨度普遍略粗於滴濾式煮法，這是因為太過細的咖啡顆粒會在完全浸泡的時候釋放過多負面風味的物質，所以習慣把研磨度調整成較粗的研磨。

並不是所有的浸泡式咖啡都會攪拌，攪拌的目的在於讓咖啡豆本身帶有的氣體可以快速排出，增加水溶性物質溶出的速度。比如說，在虹吸式咖啡的沖煮過程中，相當講究攪拌的手法力道，在這個沖煮項目之中，有非常多種攪拌法為了對應不同的沖煮目的。

浸泡式咖啡① 居家好用的「法式濾壓壺」

法式濾壓壺是典型的浸泡式煮法，構造簡單使用與清潔方便是它的特點，且可以將沖煮的變因降到最低——這代表任何人只要有新鮮高品質的咖啡豆，很容易就能用法式濾壓壺煮出一杯不錯的咖啡。穩定沖煮這個優點讓這項工具在十九世紀發明之初，就大大改變了整個歐洲大陸沖煮咖啡的方式。

法式濾壓壺有三個主要的零件，由外至內分別是承裝水與咖啡粉的

沖煮便利的法式濾壓壺。

玻璃外壺，過濾隔離咖啡粉的金屬濾網，以及控制濾網高低位置的拉桿。煮一杯法式濾壓壺非常簡單，將粉置入玻璃壺（這個時候壺內沒有拉桿跟濾網），把定量的熱水注入壺中，讓咖啡浸泡數分鐘，將拉桿與濾網裝上玻璃壺，緩緩壓下拉桿後倒出咖啡液，剩下的咖啡渣會被濾網留在咖啡壺中，就完成沖煮了。

便利的法式濾壓壺不僅可以家用，也適合咖啡館商用，因為它大大降低沖煮的門檻與技術條件。法式濾壓壺的金屬濾網雖然替咖啡留住了咖啡油脂與醇厚度，但也使咖啡喝起來

有混濁感，有的時候還可能喝到一點咖啡細粉的殘渣。

浸泡式咖啡② 如實驗室器材的「虹吸咖啡壺」

相對於法式濾壓壺的居家特性，虹吸咖啡壺很像會出現在實驗室裡的器材。在台灣咖啡文化還受日式咖啡文化影響的年代，不管是西餐廳或者喫茶店，成排擺放的虹吸咖啡是整個台灣咖啡文化的主流煮法。

虹吸咖啡最大的特色就是利用加熱空氣的方式讓水接觸咖啡粉，這是什麼意思？我們要先了解虹吸咖啡壺的

正在沖煮中的虹吸咖啡壺。

構造：虹吸壺的主要結構分成上跟下兩半部，上半部有一個管狀的玻璃上管，下半部則是球狀的玻璃下球。在玻璃上管我們會置入一個法蘭絨濾布，並且在玻璃下球的底部放上酒精燈或瓦斯燈加熱。一開始，玻璃下球內會有定量的熱水，並且持續地被加熱，接著我們會把玻璃上管與下球結合，兩者之間的接合處有橡膠環確保空氣不會溢散。下球內的水會被原本在球中因為熱力而膨脹的空氣推擠，因為整個環境是封閉的，所以被推擠的水只能沿著管壁上流到玻璃上管之中。

此時的上管會放入咖啡粉，因此你會看到下球內沒有水，但上管中泡著咖啡的神奇現象。等到浸泡的目標時間一到，就會把底下的加熱酒精燈熄滅，下球內的空氣會因為降溫而收縮，上管中煮好的咖啡則會因為重力的關係下降回到下球內，而我們預先置入的濾布則會將不要的咖啡渣留在上管。

虹吸咖啡壺煮出的咖啡通常會很香醇濃郁，如果咖啡師的功力足夠，常常可以喝到如果凍般的「膠質感」。另外，剛煮好的虹吸咖啡相當燙口，因為全程都是在恆溫甚至加溫的環境進行沖煮，所以剛上桌的虹吸咖啡可別一股腦倒入口中啊！

萃取方式 3 | 加壓式萃取

● 風味特色

加壓式萃取是咖啡沖煮歷史上的里程碑，從廣義的角度，任何在沖煮環節提高大氣壓力的煮法都被稱為加壓式萃取。不過，引起普遍討論的是使用義式咖啡機的加壓萃取。因為只有義式咖啡機才足以達到超過九個大氣壓力的加壓萃取，這是許多家用的加壓式咖啡沖煮工具無法到達的門檻。

加壓式咖啡最大的特色就是利用了氣壓改變整個萃取與溶解的過程，在咖啡萃取的過程中，易溶於水的物質一定會先溶出，隨著萃取的進程溶出各種芳香物質。咖啡的成分裡面也有許多難溶於水的物質，以及在萃取過程中容易逸散的空氣，在無加壓的萃取環境裡（浸泡式與滴濾式萃取都是無加壓的煮法），這些無法變成咖啡的逃逸份子，都在加壓以後而進到了咖啡裡面。

最明顯的不同就是義式濃縮咖啡表層的「Cream」，Cream沒有辦法被簡化翻譯成咖啡油脂，因為Cream真正的成分是由乳化油脂、二氧化碳和芳香物質組成。如果說濃縮咖啡是整個義式咖啡的核心，那Cream就是組成靈魂的三魂七魄，它掌管了整杯濃縮咖

咖啡師的新寵道具「佈粉器」，幫助咖啡師在填壓義式咖啡機的咖啡粉餅以前，讓咖啡粉更均勻地分布在把手濾杯之中。

啡的香氣與口感，若把Cream用湯匙撈掉，這杯濃縮咖啡就只是一杯平淡無奇又超濃郁的黑咖啡而已。

● 原理

最初把加壓的設計放進咖啡沖煮裡是為了加速煮咖啡的速度，以符合工業時代快速的原則，但卻意外開拓了沖煮咖啡的新世界。義式咖啡機透過幫浦（pump）來進行加壓，幫浦用比較簡單的概念來解釋就像是一個抽水馬達，因著不同廠牌會有部分設計上的差異，幫浦裡頭大概就是一顆馬達配上扇葉，當馬達開始運轉的時候會帶動扇葉來達到加壓的效果。

● 沖煮重點

加壓咖啡到底加多少的壓力呢？

一般商用咖啡機的壓力會設定在九大氣壓，大氣壓力不是力量（公斤）而是單位面積的力量，咖啡機所使用的粉餅面積直徑接近6公分（58mm）。在眾多沖煮器材中，加壓式的沖煮會使用細研磨的咖啡粉，並且透過壓粉錘（tamper）把蓬鬆的粉壓實，才能夠抵擋九大氣壓的水壓不讓水太快通過粉層。

加壓式沖煮法所散發出來的香氣，與傳統沒有加壓的咖啡煮法簡直是不同的次元，法式濾壓壺僅僅是改變了歐洲家庭煮咖啡的工具與習慣而已，但義式咖啡改變了整個煮咖啡的觀念與面貌。也因為加壓式咖啡的高濃度特性，比其他類型的咖啡更適合搭配牛奶，而蓬勃發展成全球流行的義式咖啡文化和拿鐵藝術（Latte Art），讓咖啡在全球有更深更廣的普及率。

⊙ 研磨粗細度與適用萃取方式

粗研磨
顆粒如同粗砂糖，適合法式濾壓壺、過濾式咖啡壺等浸泡式萃取。

中度研磨
顆粒比細砂糖略粗，適合手沖、虹吸壺、美式咖啡機等滴濾式萃取。

細研磨
顆粒如同細砂糖，適合摩卡壺沖煮，更細的研磨則適合義式咖啡機。

什麼是「精品」什麼又是「單品」？

在人類漫長飲用咖啡的歷史裡，喝咖啡的人們大部分還是比較偏向提神用，這樣的用途直到二十世紀的下半葉才有改變。因為經濟水平的提升帶動了生活品味的追求，咖啡從飲食文化的附屬搖身一變成了主角，越來越多人喝咖啡，而且把咖啡當成紅酒一樣來品味。就像最頂級的紅酒很少被拿去跟其他酒拼配一樣，到達一定品質的咖啡會被用最細緻的方式進行沖煮，然後以不參雜其他的香料、糖與牛奶的方式被飲用。

單 獨品飲咖啡不佐餐的這種風氣在二十世紀初才開始盛行於北美與歐洲的。在這之前，咖啡多半被製成低品質的即溶式咖啡調飲包，或者與牛奶、各類調味料搭配的咖啡特調。因為這種風氣的流行，產業的供需兩端慢慢產生了改變，早期咖啡的命名多半以產地的出口港取名，比如說巴西聖多斯、葉門摩卡等等。這些咖啡經過海運，抵達消費國當地的烘焙工廠進行烘焙後，進入大大小小的咖啡廳。不過即使是同一個出口港的咖啡，也會隨著上游端的生產水平有好有壞。

但是隨著消費者的品味水平提升，咖啡界也開始吹起了可溯源生產履歷的風氣。從大範圍的產地國、種植莊園到更詳盡的咖啡合作社、果實處理廠。透明的生產履歷能夠避免良莠不齊的咖啡參雜在一起，這種來自單一產區，製作過程不混雜其他產地的咖啡，被稱為「單品咖啡」（single origin coffee）。簡單說，單品概念的提出對產業是個三贏的局面，對客人來說大幅度降低了踩到地雷豆的機會，同時鼓勵生產者種出更好品質的咖啡，更讓咖啡師與烘豆師可以更清楚認識自己所沖煮的咖啡。

但是單品咖啡只能藉由產區的分類進行品質的篩選，並沒有真的從品質上去挑選咖啡。即使是單品咖啡，會因為不同生產條件而有品質好壞的分別，全世界依靠生產咖啡的農民有

1.25億人，幾千幾萬個咖啡莊園、合作社在生產咖啡，我們不可能記得每一款單品的名字與它的品質。

所以，單品僅僅表示了產品具備透明可溯源的履歷，不足以作為高品質咖啡的保證。為了解決單品咖啡所不能解決的問題，許多咖啡愛好者開始提倡精品咖啡（speciality coffee）的概念。「精品咖啡」承襲了單品咖啡重視「生產履歷」的基礎，強調咖啡種植的環境如紅酒莊園一般，「風土條件」與「微氣候」對品質影響甚鉅。精品咖啡的定義更會隨著消費市場越來越刁鑽挑剔的品味一直不斷改變著。

比方說，精品咖啡在1978年的定義是「在特別氣候與地理條件下培育出具有獨特風味的咖啡豆。」而在2009年，美國精品咖啡協會又重新定義：「杯測分數通過80分以上者稱為精品咖啡。」隨著世代交替，新的科技、新的觀念會一直湧入咖啡產業裡，咖啡的愛好者們應該會繼續為精品咖啡找到新的答案吧！

❽ 認識精品咖啡的產區

精品咖啡強調風土條件的差異，不同地方長出來的咖啡會有不同的風味，正常狀況下，地理位置越接近的

產區風味則會越接近，位置相差越遠風味也會越不同，所以認識咖啡的時候，我們習慣先從相差最遠的洲與洲之間開始認識。因為咖啡屬於熱帶農業，所以只能夠生長在非洲地區、南亞、中美洲以及部分的南美洲而已。以下為大家介紹每個洲所產的精品咖啡特色。

一、東非

位於東非的咖啡生產國從最北的衣索比亞、葉門，鄰近印度洋的肯亞、坦尚尼亞、馬拉威、內陸的烏干達、盧安達、蒲隆地，以及最南邊的辛巴威、尚比亞都是產區。東非的產區接近赤道陽光強烈，雖然咖啡是熱帶作物，但是過於高溫的環境容易造成病蟲害的盛行，所幸非洲產區平均海拔都是一千公尺以上的高原大陸地形，不僅使咖啡躲過了病蟲害的威脅，也使本區的咖啡在果實成熟的速度比較緩慢，能夠長出甜美扎實的咖啡豆。

非洲大陸西側的國家剛果、象牙海岸等也有咖啡種植的產地，但這邊主要栽種的是抗病蟲害的「羅布斯塔種」，這種咖啡雖然容易照顧，但品質卻相對低，通常會被當作商業咖啡，賣到大型跨洲的連鎖品牌做成即溶咖啡，所以很少在精品咖啡的世界聽到這些西非的國家。

東非的咖啡給人活潑、強烈的印象，有水果的風味、植物開花時的花香味，強烈有層次的酸味，以及令人著迷的高度複雜性。許多咖啡專家提出的解釋是因為非洲是咖啡的故鄉，所以保留著更加龐大的咖啡品種基因庫，至今還有幾百種以上的原生咖啡品種尚未被辨認歸類，這複雜的咖啡基因造就了非洲產區獨一無二的風味複雜度。

二、南亞

亞洲的咖啡生產國由西至東有印度、中南半島的諸國、印尼群島、巴布亞紐幾內亞島，這裡的產地比較分散而各具特色。南亞群島的破碎地形使得整個南亞洲的咖啡風味比較沒有整合性的共同特色。

在眾多的亞洲咖啡之中，印度尼西亞這個由群島共組的國家所生產的咖啡最為人所知，印尼咖啡的特性是：酸度低，口感溫和醇厚，有杉木、香料、青草的風味特色。一方面是產地的風土氣候所造就，另一方面則來自印尼獨特的果實處理法——「濕刨法」所形成的特別風味。

三、中南美洲

美洲種咖啡的國家很多，從北美的墨西哥、中美洲諸國，一路到南美洲的秘魯與波利維亞。這些種植咖啡的國家往往在航海時代是歐洲國家的殖民地，為了滿足殖民國所需要的咖啡需求，被迫改種大量的咖啡，直到現在這些拉丁美洲的國家都還以咖啡作為國家重要的經濟收入來源。

美洲產區因為其廣闊的幅員，也使每個地區的咖啡有不同的風味，但因為並不像南亞那樣破碎的島嶼地形，而是基本上連續的大陸地形，使得這個洲的咖啡風味仍有一些共同的特點。中美洲以火山山地、丘陵地形為主，這邊的咖啡與火山灰土壤、兩大洋的海風有很深的連結。美洲咖啡擁有很好的平衡性，常常帶有榛果、奶油類的香氣。

⊙**東非、南亞、中南美洲咖啡產區的特色**

東非產區的咖啡有活潑豐富的水果調性或花香味，具強烈有層次的酸味與濃郁風味。

中南美洲產區的咖啡常帶有榛果、奶油類的香氣，整體表現均衡。

南亞產區的咖啡各具特色，有口感醇厚具木質調性的印尼咖啡，也有風味獨特的印度季風咖啡。

杯測師筆記
精品咖啡的新紀元

　　從出現「精品咖啡」概念這個里程碑後，咖啡產業也經過了四十年了。對於咖啡老饕們用區域性的方式喝咖啡，是他們習以為常的選擇方式，假設我要喝一杯充滿奔放香氣、水果調性明顯的咖啡，我就會選擇非洲的咖啡。如果今天我不喝酸，一款亞洲咖啡似乎是個不錯的選擇。這個方法提出了四十年，我們也跟著用了四十年，但誰能夠確定這個「古法」面對現今的咖啡還管用嗎？

　　我不知道別人有沒有遇到，但至少我曾因為太依賴古法吃鱉了。2018年印尼產季結束後，第一批生豆進到了台灣，一位來自蘇門答臘島的生豆進口商，捎來了新產季的樣品。大部分的杯測師在喝一款咖啡以前，會在腦海裡面抓出所有相同產區類似的味覺經驗，對我來說，蘇門答臘就是一支「醇厚、巧克力、煙燻、木質調性」的咖啡，不對我的味，我也不認為我的客人喜歡這種咖啡。但是在我喝了生豆商的樣品以後，馬上就開始懺悔了，我不該用過去的框架去看面前的這款豆子。

　　杯測結束以後，我回頭看看所寫下的杯測評語：「上揚的果酸香氣，略帶柳橙與柑橘的風味，滑順可口的堅果味，與奶油的口感。」等等，這是印尼咖啡嗎？如果把名字遮住只看評語，任何咖啡愛好者都會認為是美洲或者非洲的咖啡吧？

　　這個事件使我驚覺在產地的革命，已經不是我們在遙遠的咖啡店彼端所能想像的！新穎的觀念、設備與技巧都在徹底顛覆舊有的思維帶來的框架，知名咖啡專家Miguel Meza早就在2018年的咖啡論壇談到，新的處理法、新的發酵方式與新的果實處理設備，會帶給咖啡界不亞於當年精品咖啡推出時所帶來的改變！

從品味為起點，
重新選擇對味的咖啡

大產區的咖啡特性日漸模糊未必是一件壞事，反而對應的是每一個微產區的個性化，這個改變來自於果實精緻法技術上的躍進，還有種植端對細節有更深的掌握，我們在選擇豆子的方式也會因此而有所調整。

過去我們在選擇咖啡的時候會有三種基本的參考——第一優先會是「產地」，再來會參考「烘焙程度」，最後會參考「處理法」。這三個要件是構成咖啡味道的核心。產地的因素涵蓋了「品種」、「種植海拔」、「土壤的健康條件」、「光照程度」等等，產地像我們在成長時的先天環境，如果豆子在一個好的環境底下成長，那長出來的咖啡豆就會有許多優異的品質，倘若豆子的生長環境欠佳，那長出來的咖啡豆也就不會有好的表現，產地的條件直接決定了這批咖啡的本質與個性，這是無論後天如何調整都無法改變的事實。

烘焙是咖啡從生豆轉換成熟豆的過程，不同的烘焙程度會影響一款咖啡的風味表現，在過去的篇章中，我們曾經提過咖啡在烘焙的階段會生成一千多種的芳香物質，但最後的成品只會留下三百多種。烘焙程度就是在決定是哪三百種風味最後保留在咖啡豆之中，但是，請記得烘焙的選擇都是在產地先天條件的大前提下，去選擇的風味走向。烘焙能做到的事情是發揚某項特色，或者壓抑某項特色，烘焙無法做的是無中生有，或者把原本有的特質完全抹滅。

處理法這個名字比較通俗，但是如果從職人的角度，「果實精緻」會是更好的概念。果實精緻是將咖啡樹上的果實去蕪存菁的過程，烘焙以

前的生豆，必須將種籽以外的所有果皮、果肉、果膠通通汰除，並且透過乾燥將水分控制在一定的比例防止繼續發酵。咖啡精緻的過程好比曬穀，稻米從採收下來直到變成生米，必須經過脫殼、乾燥、拋光等等程序，這些步驟總歸被稱為果實精緻。

果實精緻是目前整個產業最熱門的話題之一，因為過去的果實精緻其實很依賴產地本身的氣候條件，光照不足的地區只能使用「水洗」或者某程度的「蜜處理」，而水源不足的地方只會使用「日曬」。另外，過去的果實精緻有點像在隨機抽牌，因為

進行精緻的農民對於果實精緻的變因不甚了解，所以對風味的控制能力很低。但是正如 Miguel Meza所說的，現在的果實精緻早就已經不可同日而語，新的技術、新的設備不僅讓精緻法擺脫氣候的限制，處理師可以依據風味的需要選擇適當的處理法，在此同時，隨著對精緻法越來越深的了解，處理師可以直接從果實精緻開發更多複雜的風味。

正如我方才提到的趨勢，不同洲的咖啡都隨著新的潮流在改變著，現在你已經可以喝到完全沒有招牌烏梅味的肯亞咖啡，也可以喝到具有奶香

⊙決定咖啡豆風味的三個因素

產地
包括：品種、種植海拔、土壤的健康條件、光照程度等，決定咖啡的本質與個性。

決定咖啡豆風味

果實精緻
將咖啡果實去蕪存菁的過程，控制發酵的程度，創造所需的風味。

烘焙度
從生豆轉換成熟豆的過程，決定哪些風味保留在咖啡豆內。

與榛果風味的印尼咖啡了。因此，大家必須先放下對每個產區的認識或者框架，從品味的起點重新開始選擇咖啡。**如果想要選擇咖啡豆，建議你參照的順序變成：先選擇烘焙度，接著選擇果實精緻的方式，最後才是參考產地。**接下來，我們會從品味的起點出發，用最簡單的方式讓大家可以從複雜多變的精品咖啡世界中，選出自己最對味的咖啡。

✪ 選擇烘焙度，掌握自己喜歡的主調性

從品味的起點重新開始選擇咖啡，代表我們要先回到素人的狀態，如果一個對咖啡完全陌生的人喝到咖啡的第一個感受會是什麼？我常常在咖啡廳觀察客人對精品咖啡的反應，雖然我沒有辦法知道每個客人選擇喝黑咖啡的原因，但是我發現到一個很有趣的現象：那就是只要是剛接觸精品咖啡的客人，或者在品飲咖啡經驗上比較淺的客人，對這種不加糖不加奶的咖啡最直接的反應就是「酸苦的反應」，你時常能聽到「哇！這杯咖啡好苦喔！」或者「哇！這杯咖啡怎麼這麼酸？」

我們曾經討論過人類的味覺對五種味道有不同的閾值，通常閾值越低的味道越容易被感受到。品飲經驗越少的朋友，他對咖啡的感受模式就越接近味覺原始的狀態，也就是說，因為酸與苦的閾值低，所以在一杯咖啡中他最先感受到的不是酸味，就會是苦味。

所以當我們從品味的起點開始做選擇，第一個抉擇就是酸與苦，而影響咖啡酸與苦的因素正是烘焙程度。依據不同烘焙程度的咖啡，我們可以藉此把咖啡分成「以酸味為主調性的咖啡」與「以苦味為主調性的咖啡」。如果你想要帶有酸味的咖啡，可以選擇烘焙程度較淺的咖啡豆，反之，如果想要苦味的咖啡，就可以選擇烘焙程度較深的咖啡豆。

✪ 如何品飲「酸苦」的咖啡？

有許多剛接觸咖啡的朋友在喝到酸咖啡的時候非常訝異，甚至誤以為這杯咖啡是不是不新鮮？因為對於普通人而言，酸的第一個聯想會想到的

是酸敗的食物。但其實酸的咖啡並不是因為酸敗，咖啡之所以酸，其實與植物天然的有機酸物質有關。這些有機酸的物質可以幫助咖啡抵禦外來蟲害的威脅。事實上，很多天然植物所製成的農產品都帶有酸味，從最直接的水果到天然的蜂蜜，我們能從這些天然的農產品中感受到酸。當咖啡採收下來做成生豆以後，會有部分的有機酸一起儲存在咖啡種子之中，當我們把生豆拿去烘焙，隨著烘焙的時間越長，這些有機酸的物質會持續揮發與熱解，並且會讓生成帶有苦味的物質，這就是為什麼烘焙程度會影響咖啡是走向酸為主或者苦為主的原因。

其實，當我們的品味到了一定的層次，就不會一味只追求香甜的味覺，反而開始會品味起「酸苦」，學習分辨酸苦的優劣。因為「酸」不是一個單一的味覺狀態，而是一種線條，一種觸感，當我們吃到未成熟的李子會形容它「尖酸」，刺刺的、痛痛的，有的時候甚至讓舌頭痲痺。但當我們在品嚐東南亞料理的時候總是帶有一點酸的味覺，這裡的酸沒有尖銳的線條，反而讓料理因為「酸」變得更可口。或者是像我喜歡在山林健行的時候，搜集新鮮的松針來煮茶，天然松針茶的酸更像一個引子，把松

針那種細膩沈穩的香氣在味覺裡提引出來。

有程度的咖啡品飲者所討論的酸與苦通常都是複詞的形式，例如「草莓酸」或者「可可苦」，好的味道不會單調死板，相反的會擁有較高的複雜度與變化性。如同我們視覺上所謂的藍也會因為「色溫」、「亮度」、「飽和度」的不同而生成各種藍色，咖啡萬千種的香氣也會與味覺產生作用，形成不同複雜度、厚薄粗細的口感體驗。

從烘焙程度選擇咖啡，可以幫助我們掌握一個先決的輪廓，酸與苦是一種客觀的味覺，選擇酸的咖啡也好，苦的咖啡也好，其實都是一種品味的展現，沒有孰優孰劣。我覺得在品飲咖啡的路上要一直保持開放彈性的心，不需要因為權威或者書上說酸咖啡比較好或苦咖啡比較好，就強迫自己要接受跟自己不對味的咖啡。

咖啡園內發生哪些事？

我們所喝到的這杯咖啡是眾多咖啡職人所共同選擇的總和，也許不能身歷其境直擊咖啡職人做出選擇的現場，但可以試試透過文字來遙想職人們的工作場景與他們所做的選擇。相信讀者只要對咖啡的生產環境與工作者有更多的理解，就更能知道選擇好咖啡的評選標準。

❸ 從種植到採收

咖啡是一種灌木植物，雖然未經整理的咖啡樹能夠拔高到三到五公尺，但人工栽培的咖啡樹為了方便作業，一般都會修剪枝枒維持在人手能觸及的範圍之內。在咖啡園裡，會因為栽種品種的不同，選擇不同樹種當作遮蔭樹。遮蔭樹就是咖啡的陽傘，幫咖啡樹遮擋過多的陽光。很多樹都可以當作遮蔭樹，香蕉、檳榔樹都可以勝任這個角色。

經過花季以後，咖啡樹終於開始結果了，咖啡果實的成熟期是非常長的，它不像許多水果必須在一兩個月內很快速地搶收完，咖啡的櫻桃不會講好一起成熟，大部分的咖啡樹都是東邊紅一把，西邊紅一簇的，有些枝幹上的果實紅的鮮豔，別的枝枒可能剛有果實的外型。農民的任務就是在一整年照顧咖啡樹結果後，透過肉眼與雙手將樹上的紅果採收下來。

記得，千萬不要採青色的果實，那是還沒有成熟的咖啡果。你問為什麼不能採？因為尚未成熟的咖啡果所做成的咖啡會像吃到沒有成熟的香蕉一樣，充滿青澀的味道並且不會有咖啡的甘甜。在大規模的美洲咖啡莊園裡，常看到背著竹簍的工人在陡峭的山坡上挑選鮮紅的果實。人力的採收大致上有兩種方式，比較精緻的「手摘法」（Hand Picking）與比較快速粗放的剎摘法（Stripping），兩種手法也差不多是「精品咖啡」與「商業咖啡」在咖啡製程的差異。咖啡會在枝條上的節點結果，然而枝條上的咖啡並不一定會在同一個時間成熟，所以手摘法能夠更切實的採收到完全成熟的咖啡果。用一個大家比較能夠有共鳴的經驗：「採草莓」，你是否曾發現過，即使到了草莓的產季，在同一片果園裡甚至在同一株草莓叢裡有白色的、青色的、全紅的、還有一些只紅了一半。很多水果在收穫期都有這樣相似的過程。

✪ 篩選出全熟果以製作好咖啡

生豆買家（Green Coffee Buyer）通常會在產區經營多年，多方面長時間的與莊園主和農民溝通，原始的咖啡計價方式多是秤重為主，「採收紅果」的觀念在產地並不是一個理所當然的常識！農民不會被鼓勵只挑選紅色成熟的果實採收，反而會因為想要提升產量增加收入的緣故，大量採收未成熟的果實，甚至還有可能在麻布袋裡找到根本不屬於咖啡的奇怪物件——樹枝、石頭或者是子彈彈殼！

篩選出成熟的果實來進行加工是非常重要的，全熟果製成的咖啡生豆才能夠擁有風味乾淨的咖啡，在咖啡評鑑的標準有一項叫做乾淨度（clean cup）的打分項目，目的就是評量咖啡是否有未成熟咖啡的青澀感或者雜味，如果在採收的過程混進地上的落果，也會使烘焙出來的咖啡帶有塵土味，甚至是發霉的霉味、臭酸味或者令人鎖眉的藥味。

選擇使用全熟果的咖啡就像台灣人俗稱的「在欉紅」，「欉」是閩南語裡「樹」的意思，「在欉紅」就是樹上完全成熟的意思。唯有「在欉紅」的水果，你才能領略成熟甜美的風味。在精品咖啡的產業中，對於成熟度還更為講究，因為即使是「在欉紅」的成熟果實，也有成熟程度上的差異，人們還會透過果實色澤與甜度儀的輔助摘取整座莊園最棒的果實進行精緻。在精品咖啡的世界中，職人不會放過任何一個足以影響風味的小細節。

1. 咖啡農場一景。
2. 尚未成熟的綠色咖啡果實。
3. 成熟後為黃色果實的咖啡品種。
4. 成熟後的咖啡果實會轉為紅色，也被稱為咖啡櫻桃。
5. 採摘下來的咖啡果實熟度各異，還必須進一步篩選。
6. 篩選出成熟的咖啡果實，以利加工製作成咖啡生豆。
7. 大部分的咖啡產區還是以人工採收為主，產季時需要大量人手。

職人來選豆——
內行人才知道的買豆指南

「果實精緻」這門知識日新月異，每一年新的發現都可能推翻舊有的咖啡嘗試。對於一般消費者在選擇處理法的時候，可以先把握比較簡單的大原則：日曬豆多有酒釀、果乾的風味；水洗豆乾淨明亮帶有細膩的花香；而蜜處理則通常帶有很棒的酸甜平衡與優異醇厚的口感。

✖ 如何從「果實精緻」選咖啡？

很多人會有一個迷思，認為果實精緻就是在汰除果肉、果皮並且乾燥，這麼說其實不完全對，因為汰除果肉並且乾燥只是一種手段——是用來控制生豆發酵程度的一種手段。其實世界上有非常多食品是經過發酵而成的，從奶製品的起司一直到啤酒、葡萄酒都是發酵食品。可以說，人類在飲食的文化中利用發酵的手段，創造出非常多味道的可能性。

從微生物的角度，發酵與腐敗在本質上並沒有不同，只是依據人

類的偏好區分為發酵與腐敗。當這些因發酵作用生成的物質是人類需要的時候，就是「發酵」，反之如果生成的物質是人類不樂見的，就是「腐敗」。咖啡的果實精緻就是在各種

阿拉比卡種的咖啡果實約 1.5～2 公分大小，因成熟會轉紅，也被暱稱為咖啡櫻桃。

變因底下，有效地控制發酵的程度，果實精緻主要的發酵變因粗淺可以劃分為三種，分別是「生豆含水量」、「發酵時間」以及「果肉保留程度」。

果實精緻的階段，含水量扮演著類似開關的功能，通常剛採收下來的咖啡果實會有 60%～70% 的水分，這種高濕度的環境非常利於發酵菌的作用，隨著果實精緻中刮除高含水量的果肉，並且將咖啡種子進行曝曬，生豆的含水量會下降到 10% 上下。這樣的含水量與儲存生米的含水量是相近的，當生豆的含水量趨近於 10% 的時候，發酵菌的作用就會減少並趨近

⊙咖啡果實剖面圖

煮咖啡所使用的部分是咖啡果實中的「種子」，也就是生豆（Green Bean）。透過處理法，去除掉果皮、果肉、果膠，銀皮（Silver Skin）則是包覆在種子外的薄膜，通常在烘焙階段會脫落。

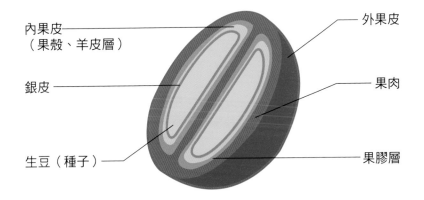

內果皮（果殼、羊皮層）　　　外果皮

銀皮　　　果肉

生豆（種子）　　　果膠層

於零，咖啡處理師除了利用含水率以外，還會透過溫度以及酸鹼值控制發酵菌的發展。

果實精緻大致可以分為三大項處理法：「日曬法」、「水洗法」以及「蜜處理法」，三種處理法的分類是依據果肉保留程度進行區別的，通常果肉的含量越多，所需要的發酵時間就會比較長。傳統處理法會隨著產地因地制宜，在「刨除階段」、「發酵階段」、「清洗階段」、「乾燥階段」四個主要階段去進行調整。以下介紹三種方式的基本原理以及風味。

✪ 太陽的味道──日曬咖啡

我們都有吃過葡萄乾的經驗，飽滿甜美的葡萄經過陽光的曝曬，變成了深色略帶皺摺的果乾。選擇日曬的咖啡像選擇了「果乾系」的咖啡，酸的物質在日曬的果實精緻過程中生成的比較少，所以你喝到的咖啡通常沒有太強烈的酸味，酸的特性比較像熱帶水果有的酸味，有的人會覺得頗似豆腐乳的味道，也有點像酒發酵時所散發的成熟香氣。日曬咖啡常常帶來野莓、覆盆子以及懸勾子這一類漿果的風味。

日曬法是個易懂的俗稱，但也有可能讓人誤解，因為所有的處理法在乾燥過程都要經過日曬，它正確的名字應該叫做「乾式精緻法」，方法非常像曬穀，農夫把成熟的果實摘取下來，放在陽光充足的環境下曝曬，這也是自古以來就存在的處理法，乾式精緻法不需要把果肉去除，只需要等候陽光把果實曬乾即可。經過太陽曝曬的咖啡櫻桃就真的像葡萄乾一樣黑，農夫再透過去殼機，將咖啡豆外層的果肉、果皮一起去除就好了。乾式精緻法的咖啡的發酵發生在果肉逐漸乾燥的過程之中，真菌與酵母開始產生作用生成為咖啡帶來香味的有機酸和其他的化學物質，當咖啡趨近於乾燥也就代表發酵作用的結束，農民會透過反覆的實驗來決定該地的乾燥總時間，藉此控制咖啡果實的發酵程度。採用「乾式精緻」的咖啡口感上通常會更為濃郁，香氣則會呈現酒類或豆腐乳等發酵食品的複雜香氣。

✪ 晶瑩剔透的乾淨風味──
　　水洗咖啡

　　水洗咖啡像水晶音樂，晶瑩剔透乾淨的咖啡味道，果實精緻過程中的水促使酵母分解更多有機酸的成分，水洗咖啡有著明亮上揚的果酸，讓人聯想到柳橙、香吉士，有的時候也會像海梨柑。同時因為大量的用水汰選劣質的咖啡果實，水洗咖啡整體帶有高度的乾淨度和一致性。

　　水洗法也是一個方便的名字，正如我們前段提到的乾式精緻一樣，水洗法真正的名字稱為「濕式精緻法」。這個處理法利用大量的水來進行篩果、發酵，最開始所有的果實會被丟入一個巨大的水洗槽中，這個時

候營養不良以及被蟲蛀咬所造成的「瑕疵豆」會因此飄浮起來，藉此做到第一次的篩選，接著果實就會通過小小的閘門，進到蜿蜒長得像滑水道的渠道中，若還有一些未被撈起的瑕疵豆會在這裡再一次被篩掉，通過兩次（或多次）篩選後的果實就會進入去皮階段，這個時候的咖啡豆呈現黃色（還有一層豆殼），而摸起來的觸感則是黏黏滑滑的，因為還有不少膠質層附著在生豆上，接著農民就會讓咖啡豆進行12到48小時不等的靜置，靜置的期間也同時是「濕式精緻」的發酵階段，不同於「乾式精緻」的地方是真菌與酵母不是在半乾燥的果實內進行發酵，而是在濕潤有水的環境下發酵，這使得發酵生成的成分便在

水中稀釋，讓「濕式精緻」的咖啡有清新明亮的酸質與幽微的花香。「濕式精緻」的咖啡往往可以在咖啡評鑑的「乾淨度」（clean cup）獲得比較高的分數，在以前發酵技術未成熟的年代，「濕式精緻」經常被視為精品咖啡唯一的處理法。

❀ 千禧年後的新型果實精緻法 ——蜜處理咖啡

在處理法的演進過程中，人類在咖啡起源的非洲發明了乾式精緻，在新大陸的美洲發展了濕式精緻，與其說這些處理法是刻意發明，其實處理

法的演進多半還是圍繞在產地附近的氣候與環境資源，例如：足夠水資源的條件才能發展水洗、產季與雨季重疊的地區無法進行日曬……

農民跟各位讀者一樣必須選擇處理法，但消費者選處理法是為了咖啡風味，農民在選擇的考量上還有「風

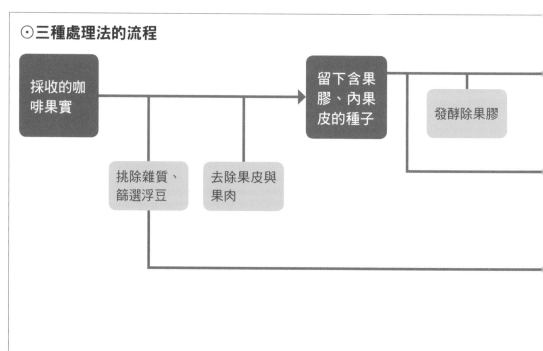

⊙三種處理法的流程

採收的咖啡果實 → 留下含果膠、內果皮的種子 → 發酵除果膠

挑除雜質、篩選浮豆　　去除果皮與果肉

險與成本的考慮」，比如說乾式精緻有著濃郁、複雜香氣的品質，但是製程上存在高風險，在乾燥的過程中萬一下雨就可能賠上好幾百公斤的咖啡豆。然而濕式精緻製程上可以降低發霉風險，但卻有大量水資源需求以及廢水排放的環境成本，加上發酵槽、浮選槽每個環境的設備耗材，並不是每一個生產者都能夠負擔。

世界上的產地國都有類似的抉擇，隨著精品咖啡市場的發展，與各種新式設備的發明，二十世紀的最後二十年發展出了很多新型的創新處理法，目的都是為了提高品質、降低風險與成本。這期間最有名的有「半水洗法」（Semi-washed）、「果肉日曬法」（Pulped Natural）、「蜜處理法」（Honey Process）。雖然在工序上有一些差異，但是總地來說，這三種方式都是移除部分的漿果構造，同時省去水洗浸泡發酵的程序。時至今日，蜜處理法變成了最廣為人知，獨領風騷的新型處理法。

蜜處理過後的咖啡是不是變得更甜？客人們總會在看完菜單後提出這樣的問題，但是很抱歉其實蜜處理沒有比較甜！當然很多人都會產生這種望文生義的誤會，我曾經也有。但

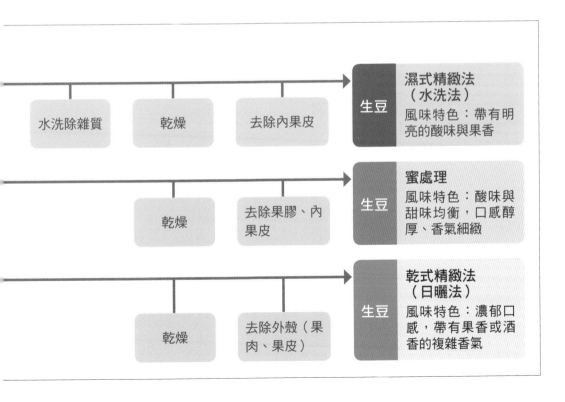

是，其實蜜處理的蜜，講的是咖啡漿果中具有高甜度的「果膠層」。果膠是漿果去皮、去果肉以後殘留包覆在咖啡種子外的黏稠物質（有點像醬糊），是咖啡在發酵時重要的養分。

果膠層的甜分並不是直接轉入咖啡豆裡增加咖啡的甜味，但是優秀的處理師可以透過控制果膠來達到他想要設計的風味。在哥斯大黎加，製作蜜處理咖啡的處理廠都會有一台重要的設備叫做果膠移除機（Mucilage Remover），這台機器跟傳統把果皮果肉剔除的機器不同，它可以更自由的去調整果肉和果膠保留的比例，讓生豆在不受損的狀態一次去除皮、肉以及部分的果膠。

蜜處理的製程上擷取了乾式精緻與濕式精緻的工序，我們通常在品選蜜處理咖啡的時候會留意是哪一間處理廠生產的作品，因為蜜處理的風味譜可能接近日曬，但又可能出現水洗的味譜，這完全取決於處理廠在精緻時細節的微調。大部分我們所知道的調整手法大概就是利用剛剛上文提到的果膠移除機，來控制果膠殘留程度。但這僅僅只是最表面的一層控制而已，實際上的蜜處理還會跟果實曝曬時堆疊的厚度、果實採收時的甜度（Brix）、翻攪速度與頻率等各種條件產生出不一樣的蜜處理。

蜜處理沒有前面兩種處理法的壁壘分明，事實上你喝到的蜜處理可能沒有很精準的風味主調性，蜜處理的咖啡特別容易出現「奇行種」，因為每一家的蜜處理都可能差異很大，每一家也都保留自己獨家的精緻祕法。在產地國的生產者會用蜜處理乾燥到最後的色澤來幫豆子命名，所以你會聽到黑蜜、紅蜜、黃蜜等等，在喝蜜處理咖啡的時候可以把握一個原則，通常顏色越深的蜜處理（黑、紅）在味譜上趨向乾式精緻，而顏色越淺的蜜處理（黃、白）則趨向於水洗。

1. 採用乾式精緻法的咖啡豆會連皮帶肉進行日曬乾燥。
2. 使用高架棚正在曝曬中的咖啡豆。
3. 日曬法的咖啡豆在乾燥過程中，外殼會縮乾變黑褐色。（照片提供／台中新社咖啡產銷班賴建益班長）
4. 進行乾燥程序的水洗豆，在乾燥前已先去除果皮、果肉。（照片提供／台中新社咖啡產銷班賴建益班長）
5. 脫殼後的生豆很難辨識是採用何種處理法，觀察帶殼的咖啡豆就一目瞭然，水洗法的豆子外觀淨白、蜜處理則有明顯的黏稠果膠層、日曬法的豆子還留有曬乾的外殼。（照片提供／KoKo Lai）

有一種負擔叫瑕疵豆

當你在購買咖啡豆的時候，是否聽說過店家所謂的「瑕疵豆篩選」？你知道大家在講的挑瑕疵是在挑什麼嗎？你有想過假設喝到了沒有挑豆的咖啡會產生什麼結果嗎？

其實挑豆這件事與咖啡精品化有密不可分的關聯性，倘若只是單純以補充咖啡因提神為目的，挑豆只是浪費時間的事，但在以「追求風味」導向的精品咖啡世界中，沒有挑豆的咖啡無以成就精品。

我們可以用製茶的過程來幫助我們理解咖啡選豆的重要性，茶與咖啡常有異曲同工之處。講到對茶的講究，世人莫不以「宋代茶」作為典範，想要深刻的理解茶文化，必定要學習宋茶。宋徽宗的《大觀茶論》裡不僅提到宋代茶農在採茶時候的講究，還探討了一個重要的採收細節：「治茶病」。治茶病可以說是宋代茶業很有趣的觀念，茶病講的不是生病的茶葉，它指的是在採收中敗壞風味的老鼠屎。茶病有三大項：「烏蒂」、「盜葉」、「白合」，我們在此就不細說了，你只需要知道，無論採收的時候如何小心謹慎，如果沒有在收完將茶葉「治癒」好，那麼無論

在咖啡產區會先透過人工挑選將生豆分類，再出口至消費國。

如何也不可能成就極品好茶。

　　而咖啡採收後的挑豆，就是給這些收成下來的漿果治咖啡病，但在咖啡世界裡面，我們會把這些敗壞風味的罪魁禍首稱之為「瑕疵豆」（coffee defect）。事實上，在杯測師的訓練裡面，辨識各類瑕疵的特徵與成因是非常重要的一環，杯測師必須學會從風味、味道、咖啡豆的外觀去找出咖啡豆裡面的瑕疵。

烘豆師在烘焙過程中，會不時檢視烘豆的狀態。

❽ 熟豆瑕疵影響風味，生豆瑕疵影響健康

　　在某些咖啡生產國的分級制度裡，就是依據單位數量裡面出現的瑕疵豆比例作為分級標準，比如在衣索比亞會從「G1」到「G5」給予出口的咖啡作分級，數字越小代表瑕疵比例越低，通常越低級的豆子會被用作即溶咖啡或者供應國內人民自己使用。在精品咖啡協會所定義的瑕疵豆種類一共有十七種，你可以想成敗壞一杯咖啡的十七種可能，這十七種瑕疵大致可分類成：「採收及儲存時發生的生豆瑕疵」和「烘烤過程發生的熟豆瑕疵」。這十七種瑕疵會對咖啡產生什麼影響？一言以蔽之，瑕疵比率越高的咖啡，喝起來越有「負擔」。有些咖啡你是不是喝了一兩口就難以下嚥？有些咖啡涼掉以後大走味？有些咖啡讓你心悸、噁心、腸胃不適？有些咖啡焦苦澀口的不像話？

　　我相信很大部分喜歡咖啡的朋友都是衝著咖啡香而來，對他們來說，上述的種種情形似乎就是咖啡的必要之惡，或者是種「甜蜜的負擔」？然而，這些讓身體產生負擔的咖啡，其實就是瑕疵豆所帶來的結果。換言之，只要剔除這些瑕疵豆，根本不需要忍受這些負擔！

　　在我個人的品飲經驗中，我覺得熟豆瑕疵主要帶來的是「味覺上的負擔」，例如焦苦感、不乾淨的風味、雜澀感；喝到生豆瑕疵比較容易帶來「身體上的負擔」。雖然現在還沒有強有力的科學報告直接指出生豆瑕疵與身體負擔的關聯，但是多數的報告指出這與瑕疵豆含有較高的生物鹼有關。想要避開有負擔的咖啡，最有效

的方式是建構對瑕疵豆的基礎認識，對於消費者而言，找到能提供低瑕疵比的咖啡豆供應商，就是避免喝到壞咖啡的捷徑。

✪ 檢閱你的咖啡豆，
　跟著杯測師學挑豆

接下來讓我們進到實務階段，請你找一個平坦的桌面擺上一個乾淨素面的盤子（黑色為佳），然後把最近在喝的咖啡豆平鋪在盤子裡，不要讓豆子疊在一起，這樣你很有可能忽略掉瑕疵，我們用最簡單的方式教大家分辨瑕疵豆。

一款足以稱得上精品的咖啡豆，我認為必須經過「生產地挑選」、「烘焙前揀選」以及「烘焙後篩選」三次以上的工序，前面兩次是為了篩除我們提到的生豆瑕疵，最後一次篩選則是查看熟豆瑕疵。

然而我必須很遺憾地告訴各位，作為一個末端的消費者，當我們打開袋子檢閱咖啡豆的時候，其實所能夠做的也只是查看熟豆瑕疵而已，並不能夠從熟豆中確實的找出那十幾種發生在生豆階段所產生的瑕疵。你只能從熟豆瑕疵的比例，去推斷店家是否有認真在把關生豆部分的瑕疵。所以如果你喝到讓你身體有負擔的咖啡，最實際的方法還是

另外再去找其他供應商。本文的著墨重點就會以我們可以從熟豆中找出的瑕疵為主，並且稍微帶到一些主要影響咖啡的生豆瑕疵。如果想要更深入了解瑕疵豆的辨別，可以上網查詢「Green Arabica Coffee Classification System」，會有更詳細的資訊。

常見的熟豆瑕疵

熟豆瑕疵主要有以下四種，分別是焦炭豆、隕石豆、奎克豆以及貝殼豆。焦炭豆跟隕石豆直接造成了咖啡的焦苦感，當你在咖啡裡喝到不尋常的苦味的時候，回頭檢閱手中的咖啡豆，很有可能就會發現這兩種瑕疵豆的存在。

●隕石豆

隕石豆是烘焙不均的結果，有可能是烘焙時火力過於旺盛，也有可能是咖啡豆在烘豆機運轉的過程中卡在

鍋爐的縫隙所造成的，通常在深度烘焙的咖啡豆裡面可以發現隕石豆的身影，隕石豆的外觀在圓弧面的地方會有一個焦黑的傷口，這個傷口會在圓弧面中出現一個平面。

● 焦炭豆

焦炭豆跟隕石豆的成因接近，也是與烘焙上的失誤有關，焦炭豆的特徵就是整顆咖啡豆碳化成為黑色的，如果你在購買的咖啡豆產品內發現焦炭豆，是很不好的一件事。焦炭豆除了影響口感以外，嚴重的焦炭豆也有可能影響健康！

● 奎克豆

而奎克豆（Quaker）雖然不至於產生太明顯的負面風味，但如果一杯咖啡的奎克豆比例太高，就會是一杯淡而無味的咖啡，一些味覺更為敏感的人還會感受到土腥味。一般來說奎克豆很好辨認，通常在一鍋咖啡豆裡面都會有少數的奎克豆，這些豆子會比同一鍋的其他豆子淺上一個色階，會造成奎克豆的原因主要是因為未成熟豆，不過這些未熟豆在生豆外觀上與一般生豆沒有太大的差異，只是生豆裡的醣分比較少，所以在烘焙的時候沒辦法跟其他豆子達到相同的焦糖化程度，另一個原因可能是因為烘豆機的加熱不夠均勻，造成某部分的豆子沒辦法達到一致的焦糖化。

● 貝殼豆

因發育不全造成的畸形豆，有時在生豆階段不易辨識，進入烘焙後，

熟豆瑕疵豆，由左至右分別為：貝殼豆、焦炭豆、奎克豆、隕石豆。

因豆子的形狀結構出現裂解，容易烘焙不均勻。

常見的生豆瑕疵

在生豆瑕疵的部分，我們則要介紹五種，分別是「黑豆」、「黴豆」、「未熟豆」、「酸豆」、「蟲蛀豆」。注意，上述五種裡面大概還能在熟豆裡面辨認的只有蟲蛀了，因為蟲的咬痕不會因為烘焙改變顏色之後而被忽略，但是其他四種生豆瑕疵在烘焙過後幾乎就很難發現了。除非你自己烘焙咖啡豆，不然咖啡的世界一樣是一分錢一分貨，貪小便宜購買廉價豆的後果就是有更高的可能性誤觸瑕疵。

這些傷口如同破損豆一樣，很容易遭到黴菌感染。除了看得見傷口的蟲蛀豆以外，另外在盧安達、蒲隆地等東非產區國，也出現了一種被咖啡象鼻蟲侵害的蟲蛀豆，但是這種蟲蛀豆並不會在生豆表面留下傷口，而是透過黴菌讓生豆帶有馬鈴薯味的意外，更令人頭痛的是這種蟲蛀豆是沒辦法靠視覺辨認出來的，往往是到了杯測階段才會被發現已經被感染了。蟲蛀豆會依據生豆傷口的多寡來判定屬於輕微瑕疵或者嚴重瑕疵，蟲蛀豆在烘焙後傷口不會消失，只是變得不明顯而已，所以讀者們在檢視咖啡豆商品的品質，也可以找找看這批豆子是否存在過多的蟲蛀豆。

●蟲蛀豆

蟲蛀豆顧名思義就是被蟲咬的咖啡豆，主要的成因來自咖啡樹結果以後引來的蟲害造成，蟲蛀的生豆會在表面出現一個個被叮咬的痕跡，而

●黑豆

黑豆是發酵過度以及發酵方式錯誤所造成的，在比較低等的咖啡豆裡，有可能會採收已經掉落在地上的落果，這些落果在精緻完成以後有很高的機會

部分生豆瑕疵豆，由左至右分別為：發黴豆、未熟豆、蟲蛀豆。

成為黑豆，另外，在乾燥或發酵過程稍有不當，也會造成本來沒有問題的果實成為黑豆。黑豆屬於生豆瑕疵中的嚴重瑕疵，不僅會造成混濁的味道、藥物味、黴味，更可能蘊含生物毒素，是影響人體健康的嚴重瑕疵。

●黴豆

黴豆是過度潮濕造成黴菌擴散感染，黴豆的發生可能是儲存環境不良，也有可能是生豆含水量過高，並且一旦出現黴豆還有可能導致其他正常的生豆一併感染，是很嚴重的一種瑕疵豆。黴豆會讓咖啡帶有嚴重的負面風味，並且與黑豆一樣有傷身的可能。

●未熟豆

未熟豆就是剛剛提到沒有成熟的青澀果實製成的咖啡生豆，這種豆子通常跟成熟果實所製成的生豆比起來小很多，並且有向內捲曲的曲面，最大的特徵是生豆外層的銀皮會緊黏在豆表上。未熟豆在定義上屬於輕微瑕疵，但就我個人的經驗中，未熟豆對風味的影響不亞於其他嚴重瑕疵的瑕疵豆，因為咬舌的青澀感以及青草味會嚴重影響咖啡的品質。並且未成熟的豆子蘊含過高的生物鹼，許多朋友常常在喝到未熟豆會產生心悸、心跳

加速的生理反應。

●酸豆

酸豆的成因很多，有可能是採收了掉在地上的落果，有可能是在泡水發酵的過程中水質受到污染，也有可能是受到微生物的感染。酸豆的外觀會呈現異常的奶油色或紅褐色，屬於嚴重瑕疵豆的酸豆即使只是寥寥數粒，也可能造成整鍋的豆子全部毀掉的結果。帶有酸豆煮出來的咖啡會有強烈的臭酸味、尖酸以及各種異味。

跟著杯測師學挑豆

先準備好乾淨素面的托盤，將購買的生豆或熟豆倒至盤中，並準備好放瑕疵豆的器皿。

為便於挑豆，可以用手將豆子爬梳成行狀，再仔細檢視挑出瑕疵豆。

別傻了，你還只看產地海拔嗎？

在買豆指南的最後，我希望討論一些買豆上常踏入的誤區，其實選咖啡的時候，我們常常會落入一些僵化的刻板印象而不自知，有些印象可能是賣家刻意要讓你記住的行銷手段，但事實上這些概念並不會幫助我們選到更好的咖啡。

你不妨回想一下，在買豆子的時候商家最常用什麼樣的字句來行銷產品？其實咖啡與茶在很多特點上都相通，尤其是在販售的時候，都有這麼一套萬能八股文。它的起手式是先從風味描述開始打動你，接著告訴你這款咖啡（茶），產於原始森林、土壤充滿有機質與礦物質、日夜溫差大果實成熟慢又甜、用山裡乾淨的泉水澆灌、空氣清新……最後的殺手鐧會告訴你：這款咖啡（茶）是在某某公尺的高海拔產區所種植的咖啡（茶）。

海拔的高度是一種客觀指標，卻不知道從什麼時候開始指標變成了信仰，我們開始變得非高山咖啡不可了嗎？誠然，在許多咖啡產國，海拔是作為分級的依據，諸如中美諸國會將海拔高於1200公尺的咖啡分類為極硬豆（Strictly Hard Bean），並且以較高的價格賣出。高海拔具有的生長優勢有兩個，第一個是使咖啡的生長趨於緩慢，咖啡種子的密度會高於低海拔。第二個是因為晚上的低溫能降低很多病蟲害發生的機會。

然而，從品質鑑定師的角度來看，我們會說高海拔的產區容易種出高品質的咖啡，但是我們不會說高品質的咖啡都來自高海拔。客觀的事實是，能夠影響咖啡品質的條件太多了，區區光講一個海拔高度，會是一種見樹不見林的觀察。高海拔與高品質並不是一個因果的關係，高海拔只是成為高品質咖啡的有利條件之一，真的要生產好咖啡，還是要天時、地利、人和。

在茶葉的產業裡早就有很多人開始反省，究竟一味追求高海拔、一心二葉是不是一個正確的方向？其實在選擇咖啡的時候，我們可以更深入去了解種植的實況，這會幫助我們擺脫很多行銷話術所造成的迷思。比如說，關於生長的溫度這件事情，我們必須考量到的不僅是種植的高度，我們還要考慮到種植地區與赤道的距離，南美產區的咖啡如巴西，亦或是台灣的種植區其實已經位在南北回歸線上，在氣候帶上屬於亞熱帶，咖啡

樹其實不耐低溫，低於十度以下的溫度就很容易讓咖啡樹受傷，許多亞熱帶的咖啡產地如果海拔高於1000公尺以上在冬天是有機會下雪的！咖啡樹一旦遇到霜寒就會死傷慘重，所以這些產國根本不可能跟熱帶地區的產地一樣往1800公尺甚至2000公尺以上的地方去種植咖啡。

這是否代表亞熱帶咖啡產國就沒有好咖啡了？當然不是！美國夏威夷的Kona咖啡在2008年的時候得到杯測分數97分的成績，在咖啡品質鑑定的分數設計上，超過95分以上的稱之為極優異（Exceptional），這種咖啡是精品咖啡中的稀有精品。但是你知道夏威夷的咖啡產區海拔並沒有超過1000公尺嗎？咖啡的品質好壞不會只受到海拔影響，咖啡會記憶生長時所有的事情，這些包含了風、包含了雨、包含了清晨的陽光，也包含了午後的浮雲。

在選咖啡章節的尾聲，我希望用一句話作為結語。在學習咖啡的路上，我曾經聽前輩說過：「沒有任何一杯好咖啡是出自偶然。」現在，我想要稍微修改這句話：「在選咖啡的過程中，也沒有任何一杯好咖啡是出自必然！」保持著開放的心去接受每一次的經驗，把每一杯咖啡都當作新的一趟冒險吧！

第 **3** 篇　煮咖啡

我們常說煮咖啡、煮咖啡，到底該如何煮一杯對味的咖啡？「煮」咖啡跟「煮」飯的煮法是一樣的嗎？是不是把水燒到沸騰，把咖啡粉倒進去水裡就叫煮咖啡呢？為什麼同一款咖啡，經過職人的手中就能幻化出千香百味，餘香繚繞？為什麼在我的手上卻苦澀不堪呢？

咖啡的煮法我們已經在第二章「選咖啡」作了一次綜覽，有使用滴濾式的萃取；也有浸泡式的萃取；還有一種是最近兩百年才問世的加壓式萃取法。在這裡不是要教大家「地表最強的煮法」，我想與大家分享的是，怎麼樣透過自己的雙手創造出一杯自己會喜歡的咖啡。希望藉由本章的介紹可以幫助大家讓好咖啡可以進到生活的日常裡，因為一杯頂級的咖啡不一定能夠感動你，甚至可能使你備感壓力，但是一杯對味的咖啡卻可以以平易近人的姿態，撫慰你的身心靈。

創造一杯對味的咖啡

在種植與果實精緻的階段，咖啡豆本身的品質已經被鑄造完成，與此以後的所有階段，不論是烘焙也好，沖煮也好，都不可能違逆咖啡的本質。這麼說是不是就代表只要豆子的本質良好，就不用在乎烘焙與沖煮呢？錯！因為即使烘焙沖煮無法改變本質，卻可以改變飲用者感到的結果。我們只能說，選好豆子是喝到好咖啡的起點，但只是張入場券，誰也沒辦法保證好的豆子最後能變成一杯好咖啡。

✖ 創造出好咖啡的條件

我認為創造一杯對味的咖啡有三個基本條件：心意、觀念以及手藝。**「心意」是指你心裡希望這杯咖啡表現出什麼味道**，我常常告訴學員，煮一杯有想法的咖啡很重要。今天我們不是被動等著味道來找我們，而是我們主動去創造我們想要的風味。我常常鼓勵學員不要只學習一種方法，而是廣闊地去涉獵各種方法，拿手沖來舉例好了，手沖咖啡的世界相當多元，裡面有各式各樣的煮法。假設我們約略地估計有三百種方法好了，我

認為這之中沒有一種方法是絕對最厲害的方法，我們只是從這三百種挑出最適合我們的口味，最適合手上食材的作法。

「手藝」指的是技術層面的條件，當你要為自己創造一杯對味的咖啡時，不能純粹靠聽老師講講課、看看書。就好比你通曉各家武功門派，說得一口好功夫，卻沒有扎實沈潛地練習扎馬步，遇到實際情況就很難派上用場。在此必須強調的是，所有的課程、書籍僅僅提供的是法門、是工具，而你是使用工具的人，唯有你克服了技術的關卡以後，創造一杯對味的咖啡才變得得之於心，應之於手。

「觀念」是指你對煮咖啡是否有全盤的了解，這份瞭解是包含你對今天要煮的咖啡豆有所了解，同時也對你所使用的工具有所了解，最後你也對煮咖啡時會有的變因有所了解。對於食材本身的了解是成為一名優異的咖啡師所必備的特質之一──你對於這批豆子從哪裡來（產地知識）？帶有什麼樣的風味（鑑賞品味）？以及你希望帶它去到哪裡（風味展現）？我們首先要尊重咖啡豆的個性，再從其中彰顯我們要的味道。

✪ 沖煮咖啡 vs 萃取咖啡

有的時候如果你偷聽咖啡師之間的對話，會聽到「啊，你這杯咖啡萃取過度啦！」或者是「這杯咖啡感覺萃取不足喔！」為什麼大部分的咖啡師在討論的時候會講萃取而不是沖煮呢？這是因為所有的沖煮方式與調整的規則都是以「萃取」作為依歸。

沖煮是一種行為，而萃取則是這個行為背後運作的原理，為什麼專業的咖啡師講的都是萃取，就是因為我們是透過原理的應用去改變結果，沖煮只是你看到外在所表現的行為而

已。江湖一點訣，說破不值錢，只要能掌握萃取的原理，就等於掌握了煮好咖啡的祕傳心法了。

我會用「閘門」的意象來詮釋萃取咖啡這件事情，以手沖咖啡當作舉例，當你把水倒入咖啡粉的粉杯之中，閘門就開啟了，當最後一滴咖啡液從粉杯中離開咖啡粉，閘門就關閉了。而在閘門的開與關之中，如何拿捏其中的平衡，如何讓我們想要的物質多釋放一點？如何讓會導致負面風味的物質少釋放一點，這正是世界上所有咖啡工作者致力研究的課題。

萃取是利用物質不同的溶解能力將物質分離的方法，若將咖啡豆視作100％的完整狀態，只要計算出水裡面有多少從咖啡豆分離出的物質，就能計算出萃取率。萃取率是一種方便法門，透過計算萃取率，我們可以得出

在閘門開啟的這段期間，咖啡裡頭有多少比例的物質釋放到了水裡。

然而，萃取率只能顯示出有多少物質進入了水之中，它無法告訴我們水裡面有多少比例的好喝物質，又有多少比例的難喝物質。即便如此，運用萃取率這個觀念進行咖啡的沖煮，是人類漫長煮咖啡歷史中重大的突破，因為絕大多數的時間人們是「憑感覺」在煮咖啡的，也就是說煮咖啡就是一種藝術行為，當我們從萃取率的角度來討論咖啡的時候，我們就已經跨越了感覺的界線，進到了實證科學的領域了。

世界上有沒有理想的萃取？

世界上有沒有理想的萃取？有啊！好喝的咖啡就是理想的萃取，當然，難喝的咖啡一定是不理想的萃取。先不要把這句話當廢話，仔細想想你就會發現它真正的意涵：我們在萃取咖啡的時候並不總是釋放出我們想要的味道，更多時候，毀掉一杯咖啡的原因是來自我們不小心釋放了藏在咖啡豆裡的惡魔風味。

✪ 史上第一位量化咖啡風味的男人

人類的啟蒙運動發生在十七世紀與十八世紀，因為科學革命的關係，人們開始追求理性與知識，講求實證的重要性。但是，咖啡的啟蒙運動一直到了二十世紀才出現，在沖煮開始以前，我覺得一定要先跟大家介紹這位讓咖啡與科學結合的重要功臣，他是史上第一位量化咖啡風味的男人——洛克哈特博士（Dr. Ernest Eral Lockhart）。

洛克哈特博士可以說是咖啡萃取理論之父，現在所有有關咖啡萃取的理論，幾乎都是建立在洛克哈特博士的研究基礎之上。洛克哈特博士用科學的方法告訴我們，咖啡好不好喝不見得要喝了才見分曉，你可以從萃取率與濃度的關係，預先知道這杯咖啡會不會好喝。而且，你還可以透過這兩項數據，得出如何改善咖啡的方法。

洛克哈特博士是美國咖啡沖泡協會的首席研究員，他將他的研究整理製作出了一個簡單的圖表，讓所有想要煮好咖啡的愛好者們可以依據圖表修正自己的沖泡，這個表叫做「沖泡咖啡管理表」（Coffee Brewing Control Chart）。

根據他的研究，咖啡豆大約可以分成28％能夠溶於水的有機物質，以及72％無法溶於水的纖維素，咖啡的萃取就是將這兩者分離出來的過程。而在這28％可以溶於水的有機物質之中，還可以細分成親水性高、易溶於水的物質，以及親水性低、難溶於水

的物質。

1950年代，洛克哈特的研究團隊廣泛地搜集全美國民眾對於咖啡的愛好，這項民意調查為期數年、蒐集近萬份的資料，他們將同一種咖啡設定在不同的「萃取率（Concentration）」與「濃度（Yield）」，然後請民眾試喝，並且回饋自己喜歡的咖啡是哪一杯。

對於許多剛接觸煮咖啡的朋友，很容易把萃取率跟濃度混為一談，但其實兩者是兩種不同的概念。「萃取率」就如剛剛提過的，是指原豆被水

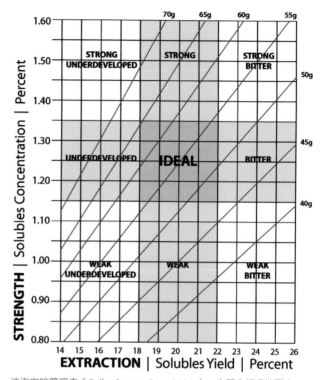

沖泡咖啡管理表（Coffee Brewing Control Chart），也稱金杯理論圖表。

這種溶劑所帶出的物質占咖啡豆本身的比例，舉例來說，如果使用20公克的咖啡粉，萃取率在20％的情況下，20×20％＝4，代表從豆子裡面有4公克的物質移轉到了咖啡裡面了。而濃度則是根據這些被萃取出來的物質與最後沖煮出來的咖啡液的比例。

通常滴濾式咖啡（手沖）的濃度會是在1％～2％之間，加壓式咖啡（義式濃縮咖啡）則在7％以上。我們繼續沿用剛剛的例子說明，在使用20

克的咖啡粉溶出4克的物質進到咖啡的同時，發現最後的咖啡液體有 250克重的時候，就表示 4÷250＝0.016＝1.6％，這杯咖啡的濃度是1.6％。

精品咖啡協會（SCA）採用了洛克哈特博士的沖泡咖啡管理表，把滴濾式咖啡的理想的萃取率定調在18％～22％，濃度則是1.2％～1.45％，並把這套系統稱之為「金杯準則」（Gold Cup Standard），作為向大眾推廣咖啡沖煮時重要的依據。

✕ 用感官讓你的咖啡進入好球帶

　　金杯咖啡準則設計了一個象限表格，它把萃取率列在X軸，濃度列在Y軸。X軸分成了低萃取率（＜18%），高萃取率（＞22%），以及介於中間的理想值。Y軸則分成了低濃度（＜1.2%），高濃度（＞1.45%），以及介於中間理想值。這樣就形成了一個九宮格。

　　翻譯成白話文就是：煮咖啡可能出現的九種可能性，從「萃取不足」、「萃取過度」、「理想萃取」乘以「濃度太低」、「濃度太高」、以及「理想濃度」。你不覺得這個表格很像棒球的九宮格嗎？如果我們煮

一杯咖啡能夠進到理想濃度跟理想萃取率的交會地帶，就代表你煮進了咖啡的好球帶。專業咖啡師跟沖煮新手的差距，就像是職業投手與剛開始丟棒球的少年一樣，你不熟悉丟球就容易產生「暴投」，我們也會說沒有進入好球帶的咖啡「煮爆」了。

　　但是，跟丟棒球最不一樣的是咖啡的九宮格是抽象的，必須透過你的味覺與嗅覺去形塑，雖然有哈特博士的數據可以提供依循，但是最終咖啡還是要回到品味上來討論，練習用感官讓所煮的咖啡進入好球帶。想要把咖啡煮進好球帶，先學會喝出暴投吧！

　　在濃度的討論裡，可以以義式咖啡作為簡單的舉例。一個咖啡師用同樣的咖啡豆，使用同一台咖啡機做出兩杯一樣的濃縮咖啡，這時兩杯咖啡的萃取率接近，此時把其中一杯加入額外的水進行稀釋，就會出現兩杯不同濃度的咖啡了。

　　低濃度的咖啡就像是不斷把水加入濃縮咖啡裡面，加到最後的結果就是你幾乎喝不出咖啡本身的味道，你會覺得像在喝有咖啡味道的水，咖啡師通常會形容這樣的咖啡有「空洞感」或者「水感」。

　　高濃度的咖啡就像我第一次喝到

濃縮咖啡的經驗：什麼風味都喝不出來，大概只能分辨強烈的苦或者酸而已。濃度過高的咖啡會使我們無法分辨風味，你可以嘗試在煮手沖咖啡的時候，拿湯匙截留住最早留下來的咖啡液，這段高濃度的咖啡通常會讓人覺得風味被壓抑著的感覺，神奇的是當你兌水稀釋以後，某些風味就會突然變得明顯起來。

溫度與時間是影響咖啡萃取率的兩大影響關鍵，高溫長時間提高萃取，反之則降低。所有能夠被水溶解出來的物質，無論是我們喜歡的或者不喜歡的，在水接觸到粉的同時就開始析出，而在水與粉分離時結束。有些物質使我們感受到香甜，有些讓我們體驗到咖啡體的醇厚，卻也有一些會促使我們覺得苦澀礙口。

低萃取率的咖啡喝起來尖酸，有的時候會覺得喪失尾韻（前面有風味但是到後面突然變得空洞），有的時候在萃取不足的濃縮咖啡中還會喝到鹹味。相反地，高萃取率的咖啡則可能讓你感受到強烈的苦，更多時候你會感覺口腔乾燥想喝水。

通常暴投的咖啡常常是複合式的問題，所以我們需要同時將萃取率跟濃度納入考量，依照金杯理論，最常出現的暴投大概是以下四種：

1.強烈的苦澀感，甚至覺得鎖喉。

喝到這種咖啡覺得特別有負擔，不太能喝完整杯，屬於高濃度高萃取率的咖啡。如果煮起來的咖啡是屬於這區，可以試著讓咖啡粉與水的比例維持，降低沖煮溫度以及縮短沖煮時間，也可以觀察一下咖啡研磨的粗細是否過細了呢？

2.輕微的苦，風味不明顯，感覺缺乏後段風味與尾韻，喝完之後覺得嘴巴有點乾。

屬於高萃取率低濃度，通常發生的原因可能是手沖水流不穩定，或者填壓咖啡粉餅的時候產生歪斜。修正的方式是將咖啡與水的比例下降，同時間把水溫下降或是縮短沖煮時間。

3.酸的表現過於突出，但是口感不足，沒有其他味道銜接在酸味以後。

　　屬於低萃取率高濃度，通常發生在水溫過低，可以試著增加水溫以及拉長沖煮時間，並且同時增加咖啡粉與水的比例。

4.雖然沒有強烈的酸，但是除了酸味以外好像沒有喝到別的味道，同時感覺水感。

　　屬於低萃取率低濃度，跟3的情形一樣增加水溫或拉長沖煮時間，但是維持咖啡粉與水的比例。

⊙沖泡咖啡管理表的九宮格圖解

覺得沖泡咖啡管理表所說的金杯準則很複雜嗎？用以下九宮格圖解，幫助你快速理解。

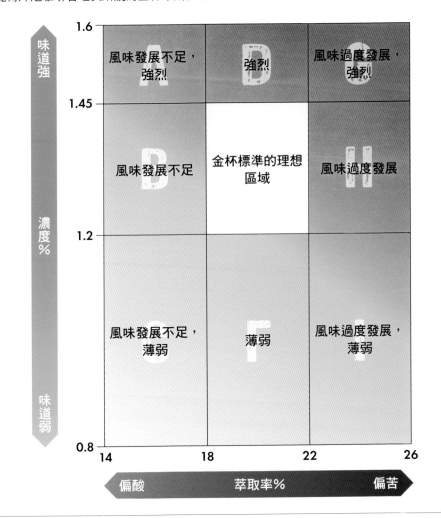

想煮好咖啡，
好水跟好豆子一樣重要

在沖煮開始前給大家最後的叮嚀：想煮好咖啡，好水跟好豆子一樣重要。咖啡濃度有一個拗口的定義：濃度是咖啡之中非水的百分比，咖啡萃取物質的濃度大約是1％～1.5％，如果這是非水部分的百分比，就可以推算出一杯咖啡之中水占的百分比是98.5％～99％。

在近十年的咖啡研究中，許多咖啡工作者都將心力投入了沖煮用水的領域。原因無它，正是因為水對於風味的影響力不亞於其他沖煮條件。近年來，在世界大賽的舞台上選手們也使用自己調製的咖啡用水，因為在所有沖煮條件相同的情形之下，光是改變用水，就可以輕易讓咖啡的風味風格迥異。這也是我在幾次開設水質濾芯品飲會的體驗活動中，所得到真實的經驗。鳴草舉辦的水質體驗會，是使用過濾水廠商所提供的不同款濾芯來改變水的內容物。我們發現，不同濾芯會將同一種咖啡釋放出完全不同的調性，有點像是同一個旋律的樂曲忽然轉了調，令我驚訝的是連零基礎的品飲者，在現場也都能夠喝出水對咖啡所造成的影響。

❽ 水影響了咖啡萃取率及味道

水對於咖啡的影響簡單來說有兩個：第一是影響萃取率，基本上除了蒸餾水之外，所有管道取得的水都含有礦物質，水作為咖啡的溶劑，如果溶劑本身的礦物質比例是高的，會造成咖啡的物質無法在水中釋出，也就是說如果礦物質比例高就會降低萃取率，而如果比例低的話結果就相反。第二是影響味道，根據最近期的研究報告，已經可以知道水裡面如果帶有哪些礦物質，會去強化或壓抑哪些咖啡的味道。簡單舉幾個例子：比如說水中的鎂會提升酸的明亮度，並且使花香、柑橘調性的風味突出；鈣則會幫助提升咖啡的甜感，並且讓深色水果的風味變得明顯；碳酸鹽類則會提升咖啡的口感、降低酸質。

❽ 不建議使用在沖煮上的水

在居家取得好水並不是太困難的事情，經過淨水濾芯所過濾的水已經是不錯的咖啡沖煮用水。不過

有幾種水不建議使用在沖煮上，第一種是逆滲透的「純水」，因為已經接近零礦物質的純水，在沖煮上並不容易煮出理想的萃取率；第二種是「蒸餾水」，與純水一樣，蒸餾水的礦物質也是低於理想值。第三，電熱水壺（保溫壺）的水要特別注意新鮮度，有的家庭電熱水壺長期是保溫狀態的，但是裡面的水可能一天只使用一點點，剩下的水則在壺內靜置很長的時間。如果使用這類電器加熱水的話，要經常更換壺中的水以保持新鮮度，新鮮的水煮起來的效果絕對比不新鮮的來的美味。

另外，如果你也認同水質的重要性，你還可以上網搜尋自己家的水質硬度與TDS總固體溶解量（Total Dissolved Solids）。雖然台灣的幅員不大，但是每個地區的水庫與自來水的水質大不相同，知曉自家的水質可以幫助你在沖煮上多一份了解，根據台灣自來水水質檢驗報告，東岸與西岸的水質TDS都有南高北低的趨勢。

如果你對咖啡用水還想知道更多，或許可以拜讀英國咖啡師Maxwell Colonna-Dashwood所著的《咖啡之水》（Water for Coffee），以及澳洲咖啡師Sam Corra對於沖煮水質的研究。好了，看完這個章節大家已經建立了有關萃取的背景觀念，有了密傳心法，我們開始練功吧！

手沖萃取——器材選購篇

藍瓶咖啡（Blue Bottle）的創辦人詹姆斯・費曼說得真好：「你不應該讓機器幫你泡咖啡，因為那就等同於把一塊上好的牛排交給微波爐料理一樣。」如果是用普通的廉價咖啡豆，那麼用機器煮我們一點都不會心疼。倘若你買著優質的精品咖啡豆，卻因為各種原因而選擇使用咖啡機沖煮，實在是非常可惜的一件事情。因為，機器不懂你的咖啡。

如果說星巴克咖啡從義大利擷取了義式咖啡萃取的技術，與其快速穩定的精神的話，藍瓶咖啡的作為恰恰相反，他們把帶有濃厚日本氣息的手沖引進了西方世界，無論今天店鋪外有多少人在大排長龍，裡面的咖啡師仍舊是屏氣凝神，手執手沖壺，一點一滴非常細膩地完成每一杯咖啡。藍瓶子用它的「慢」征服了世界各地的咖啡迷，也用它的「慢」精神顛覆了普遍咖啡館的「快」價值。

❖ 誰發明了手沖咖啡？

手沖咖啡在英文有兩個詞彙可以代表，一個是「Hand Drip Coffee」，意思比較接近透過手將水滴入咖啡粉的感覺，另一個詞則是「Pour-Over Coffee」，這個字比較像澆灌、傾倒。手沖的時候，手會拿著熱水壺，將熱水倒進放有咖啡粉的濾杯之中，咖啡在濾杯中得到萃取，滴落進下方用以承裝液體的玻璃壺。

據說，這種咖啡的煮法最早是一位名叫Melitta Bentz的咖啡愛好者所發明，咖啡史上第一代的手沖是利用金屬濾杯搭配墨水紙所製成的（而且這張紙還是從她兒子的作業本上撕下來的）。這樣一個小小的改變，卻再度掀起一次家庭咖啡沖煮的風潮，原因是Melitta在1908年發明手沖的時候，法式濾壓壺早在1852年已經問市了，這兩種沖煮器材都成功地過濾掉擾人

的咖啡渣，但是使用了濾紙的手沖因為吸去了咖啡中較多的油脂，讓整杯咖啡的風味變得更乾淨明亮，這樣的風味成功吸引了眾多的死忠粉絲。時至今日，咖啡廳主流的沖煮方式也是以手沖占大宗。

若沒時間研磨咖啡粉，不妨利用現成咖啡耳掛包，輕鬆沖煮咖啡。

✪ 煮一杯手沖需要什麼？

我認為手沖咖啡與義式咖啡都能夠煮出咖啡的精華，但是相較動輒數萬起跳的義式咖啡機，準備一套手沖咖啡的用具算是平易近人的奢華。以下是我為大家列舉的咖啡用具，會說明這項工具的功能以及採買時的評估方式，並且會標註這項用具的必要性（分成五顆星，星星越多代表越重要），提供你參考。

咖啡熟豆 ★ ★ ★ ★ ★

烘焙好的咖啡豆絕對是你重要且必備的材料，完整未經研磨的咖啡豆才能夠保證香氣能夠鎖在咖啡豆，盡可能避免購買已磨好的咖啡粉。因為咖啡的香氣會在碾磨成咖啡粉的三十分鐘以內快速的溢散，手沖的時候如果使用的是已經預備研磨好的咖啡粉，那麼我們萃取出來的也只是咖啡的一縷殘魂而已。如果不方便研磨，建議購買新鮮製作的耳掛式滴濾包，你真的不需要大費周章搬出整套手沖工具，然後沖煮一杯剩下一點點香氣的手沖咖啡。

濾紙的發明，開啟了另一波咖啡沖煮的風潮。

水 ★ ★ ★ ★ ★

水的重要性完全不亞於咖啡豆本身，因為水是萃取過程中的主角，使用正確的水可以事半功倍煮出更好喝的咖啡。居家沖煮時，若能將自來水先經過濾水器過濾後再煮沸使用，已是不錯的咖啡用水。

磨豆機 ★ ★ ★ ★

　　我認為磨豆機是手沖的靈魂之窗，好的研磨可以讓你完整不失真地去感受咖啡的美好品質，相反地，如果是不好的研磨則會讓你像是霧裡看花，雖然朦朧是種美，但不適用於手沖咖啡上，因為模糊的風味表現會讓你無法判斷自己的技術是否有問題，也無法得知自己有沒有進步。

　　磨豆機不僅是必要的，也是值得投資的手沖器材，選購磨豆機主要考量點有三：一是「驅動方式」，二是「顆粒均勻度」，三是「顆粒形狀」。

磨豆機選購重點① 驅動方式

　　市面上有各種磨豆機，如果以驅動方式可分為兩種：電動式及手動式。同樣價位手動磨豆機所能達到的等級通常比電動還要高。假設你有三千塊錢可以購買一台磨豆機，選擇電動磨豆機大概只能挑選到國產的入門款，但是如果是手搖磨豆機，可能還可以挑到日本製的中等款。

　　請依據自己的使用情形評估購買類型，如果一天只是沖泡一杯咖啡，手搖的磨豆機就夠用，且相同的價位還可以買到比較好的等級。但是，如

手搖磨豆機的軸承設計是否好上手，會影響研磨時的效率。

果要沖煮四到五杯咖啡，或煮給很多人喝甚至是營業用，買一台電動的磨豆機會比較實際。另外，如果想要持續精進你的沖煮技術，使用電動磨豆機可快速進行第二輪甚至是第三輪的修正沖煮，不會因為懶得研磨而阻礙了你想進步的動力。

　　手動式磨豆機要注意軸承的設計，通常比較平價的手搖磨豆機會忽略軸承的順暢度造成實際研磨的時候比較吃力，我甚至遇過有些軸承設計不良的手搖磨豆機，因為要很費力才轉得動，所以有些力氣比較小的女性沖煮者根本轉不動。電動磨豆機則要注意扭力與轉速，高檔的磨豆機多半是「高扭力低轉速」，其目的是為了降低研磨過程所造成的熱力，因為熱會加速香氣的溢散。

磨豆機選購重點② 顆粒均勻度

因咖啡豆的形狀各異，任何磨豆機進行研磨都會產生大小不一的情形。居家沖煮時，只需注意到磨豆機不要出現太多細粉，細粉就是那些你從磨豆機看到的最細微的粉末，如果細粉太多，很容易造成手沖的過程堵塞，嚴重影響萃取的流暢度，讓咖啡過度萃取產生苦味與雜澀感。

購買的時候一定要避免選擇槳式（刀片式）磨豆機，也就是從外觀可看到底部有兩片像直升機螺旋槳的刀片，很像是拿來切割水果的榨果汁機。這種磨豆機沒有刻度調整的設計，只能透過開關的時間控制刀片運

想要手沖一杯對味的咖啡，千萬不要使用槳式磨豆機。

轉的時間。使用這種磨豆機，你永遠無法掌握理想的研磨顆粒粗細，且在研磨過程中會因發熱而讓咖啡粉的香氣大量流失。

手動的磨豆機通常會有可以調整研磨大小的設計，因為沒有特別標記數字或說明而常被忽略，建議購買前詢問店家如何調整粗細，避免用不對的研磨度煮咖啡。電動磨豆機有非常明顯的刻度盤，但就算上面有數字還是要注意觀察實際磨成粉的顆粒大小，因為刻度盤的設定會隨著使用的次數漸漸失準，所以在用了半年到一年以後，建議可以帶著你的電動磨豆機請店家為你重新校正刻度。

磨豆機選購重點③ 顆粒形狀

除了完全不推薦的槳式磨豆機以外，任何的磨豆機都是由兩片刀盤進行研磨的。刀盤大部分都是一塊有兩面的金屬片（少數是陶瓷材質），一面是沒有任何刻紋的平面，用來研磨咖啡的那一面則有鋒利的紋路。這些磨豆機都是透過控制兩片刀盤的距離，來調整咖啡粉的粗細。刀盤的設計會影響咖啡豆變成咖啡粉時的形狀，不同形狀的咖啡粉會造成不同的口感變化。以下介紹三種不同刀盤的磨豆機特色：

◆平刀式

平刀式磨豆機常見於一般電動磨豆機，平刀盤的設計是兩塊相同形狀的刀盤組合的磨豆機，一塊刀盤固定在底座，另一塊則透過軸承由馬達直接驅動。咖啡豆接觸刀盤時會被刀盤面上的鋒利的牙紋切開。平刀磨豆機主要利用「切割」的方式達到研磨的目的，它讓顆粒的形狀接近片狀，像刀削麵從麵團削下來的形狀。利用切割產生的片狀咖啡粉，在相同粗細的條件下，與水接觸的面積比較多使得萃取率提高，可以快速煮出咖啡的香氣與口感，但也容易使咖啡過度萃取。

◆錐刀式

錐刀式磨豆機常見於手搖磨豆機中以及義式咖啡的磨豆機上，它的設計是由兩塊構造不同的子母刀盤組合而成，子刀盤的形狀像錐子，母刀盤則像是甜甜圈中間鏤空的同心圓。錐刀刀盤運轉的時候，錐狀的母刀盤會被固定在磨豆機上，而母刀由馬達驅動。咖啡豆接觸刀盤時，會同時接觸到子母刀盤各自不同的牙紋，因此錐刀磨豆機是利用「碾碎」的方式來研磨。經由碾碎所形成的咖啡粉接近顆粒狀，且會出現許多不規則狀的顆粒，雖然錐刀煮出來的咖啡萃取率會比平刀低，但是因為不規則的粒徑分布，使錐刀的手沖咖啡更容易產生層次感與複雜度。

◆鬼齒式

　　鬼齒式刀盤算是平刀刀盤的變化型態，設計上也是兩塊相同形狀的刀盤，但是刀盤上的牙紋並不只有平面式刀鋒而是增加了許多突起的刀鋒，當咖啡豆接觸刀盤時，就不只有平刀的「切割作用」，也有錐刀的「碾碎作

用」。鬼齒刀盤磨出來的咖啡粉，形狀雖然接近錐刀的顆粒狀，但是顆粒比較像平刀的均勻度，除此以外，一般家庭用的平刀會有極細粉過多的問題，鬼齒刀盤的磨豆機相較則降低了細粉的比例。聽起來鬼齒好像兼具二者之長，實用上卻有一種「要上不上，要下不下」的尷尬，鬼齒沒辦法做出如平刀般優越的香氣展現，也無法表現出錐刀般複雜的層次性，雖然降低了細粉比有助於穩定沖煮，但整體表現中庸。

　　從風味效果總結三種刀盤，平刀帶來高萃取率，奔放的香氣與風味是平刀刀盤的強項；錐刀的不規則狀顆粒帶來複雜的風味展現，提供明顯的風味層次感；鬼齒的雙重研磨設計將咖啡顆粒塑造成一致的顆粒狀，產生厚實飽滿的口感表現，並且透過低細粉提升入門者的手沖成功率。再次強調，磨豆機是非常注重個人體驗的一項設備，書中的介紹只是透過原理去演繹其風味的展現，實際上還是要依據個人經驗去感受為佳。

由左到右分別為：錐刀式、鬼齒式、平刀式的電動磨豆機。

濾杯 ★★★

濾杯的重要性僅次於磨豆機，並且高過於手沖壺，如果說磨豆機像相機鏡頭的話，濾杯的功能像是相機濾鏡一樣。濾杯是手沖咖啡中，熱水跟咖啡粉接觸的地方，濾杯有千萬種造型，但是對於咖啡師來說濾杯的意義在於「控制水與粉接觸的時間」。在介紹萃取時我們提到，萃取的時間越長就會有越多的可溶性物質釋放到水裡，**手沖咖啡之中，有兩種方式可以改變萃取時間，也就是手沖的流速，其一是調整粉的粗細，其二就是改變濾杯。**滴濾式的沖煮比較不能精準的控制萃取時間，有的時候可能煮不夠久，有的時候煮超過，選擇一款好的濾杯可以幫助你找到理想的流速。

濾杯分別有三種不同的設計，第一個是大小容量，第二個是材質，第三個是形狀。三者中，形狀對風味的影響最大，大小只要買對合適自己所需即可，材質則依據個人的美感愛好，此處的介紹重點還是會放在形狀上的差別。

杯測師筆記

選擇適合自己偏好風味及口感的磨豆機

因為不同刀盤的磨豆機所研磨出的咖啡粉，在沖煮上的表現各有不同，最好是先想想看自己偏好的風味與口感，再下手購買磨豆機。如果不知道買哪一款，建議可多去一些咖啡店喝咖啡，同時與老闆交流使用磨豆機的感想，接著把你喜歡的咖啡整理出來，看看這些咖啡店有沒有可能都是用某種類型的磨豆機？另一個方式比較困難，就是找到一間同時有平刀、錐刀、鬼齒三種磨豆機的專業咖啡店，請老闆用這三種機器為你煮同一款咖啡，幫助你更快找到適合自己的磨豆機。

濾杯選購重點① 大小容量

簡單說明市面上的濾杯容量設計，咖啡濾杯的大小是以「用來沖煮幾杯咖啡」為依據，以一杯咖啡130cc作為單位，如果你在濾杯的包裝上看到01，就是用來煮1～2杯量的咖啡，如果是02則是3～4杯量，03的濾杯比較少見，用來煮5～6人份，比03更大的濾杯通常是訂製或者特別版。每種大小型號的濾杯就會對應同樣型號的濾紙，當然可以把02的濾紙放進01濾杯中，結果就是露出一大截濾紙在外面，也可以把01濾紙塞進02濾杯中，那就是濾紙的頂端會在濾杯的2/3高度左右。還有一點要注意的是，不同濾杯的投粉量不同，如果你用02濾杯煮一人份的咖啡也是可以，但是很有可能因為濾杯太深的關係，造成你的水流碰到粉的時候已經開岔變成在拍打咖啡粉，沖出的咖啡容易變得酸澀，

濾杯的材質多元，例如：玻璃、樹脂、金屬、陶瓷等等，形狀及造型也有多種選擇。

所以還是依據自己的使用情形購買合適的濾杯為佳。

濾杯選購重點② 材質

濾杯材質大概有幾種：不鏽鋼、紅銅、玻璃、陶瓷、樹酯、食用級塑料、麥飯石等等，如果要選擇材質的話可以從「保溫性」與「攜帶方便度」來考慮。首先，每一種材質的導熱能力不同，這就使得不同的濾杯有不同的保溫能力，通常導熱能力越好的材質，保溫性就越低。因為大部分測量溫度的方式都是計算水在手沖壺裡的溫度，從壺中出水接觸咖啡時，溫度盡量跟所設定的數值接近為佳，而保溫性越高的濾杯越能夠穩定你的沖煮。在知名品牌Hario V60的濾杯設計中，不同材質的V60雖然看起來造型一模一樣，但是在保溫性跟流速都有細微的差別。材質另一個考量點是攜帶方便度，只要想想看哪一種材質比較不怕摔破，哪一種材質比較輕，就是方便攜帶的濾杯。

濾杯選購重點③ 形狀

接著要講到濾杯的設計重點：形狀，市面上的濾杯造型大致分做三類：傳統的扇形濾杯（也稱梯形濾杯），常見的錐形濾杯，以及新穎

的波浪濾杯。濾杯形狀直接影響了沖煮流速，不同形狀的濾杯會有不同的內側紋路，出水孔的形狀、大小、數量也不一樣，濾杯設計者就是利用溝槽與出水孔的不同調整咖啡吃粉的方式。位在濾杯杯壁內側的紋路稱之為肋槽（rib），你會看到濾杯內側的那一面不會是平滑的表面，反而會有一條一條規則狀的突起線條在杯壁延展開來。肋槽的功能是撐起吸水以後的濾紙以及咖啡粉，如果沒有肋槽的話，濾紙會因為水跟咖啡粉的重量完全貼合濾杯杯壁，使得側邊的咖啡無法進行排氣，所以肋槽主要的功能就是增進排氣的流暢度，進行提升流速。出水孔的設計通常會與濾杯形狀以及肋槽設計互相搭配，出水孔大流速越快，但是多孔與單孔設計不一定直接影響流速快慢，還要從肋槽設計的方式而定。以下介紹三種不同濾杯的特色：

◆錐形濾杯

錐形濾杯的造型就是圓錐狀，頂部是一個較大的圓形，底部則是一個較小的圓形出水孔，剖面圖的形狀像三角形。它的特徵是底部沒有平面，水在經過咖啡粉萃取後直接通往底下的出水孔，因為原本的設計流速已經偏快，所以大部分的錐形濾杯要不是將肋槽設計成曲線，就是將直線的肋槽縮短長度變成短版肋槽。圓錐型濾

杯較早的設計是短版肋槽，它改善了扇形濾杯萃取不均的問題，讓所有在濾杯中的咖啡粉都能更均勻的吃水。直到Hario公司發明了劃時代的V60錐形濾杯，才真正讓錐形濾杯影響了全世界，在精品咖啡的市場中，主流的咖啡師都是使用V60的濾杯，V60有著獨特的螺旋式肋槽，並且有一長一短的主副肋槽，這種特殊設計幫助V60改變了水的流動方式，並且增加水要經過粉層時的路徑。從結果來説，V60可以幫助沖煮者增加咖啡的香氣表現以及層次感，但是沖煮新手如果沒有控制好注水的節奏，很容易造成萃取不足的空洞感。

◆扇形濾杯

　　扇形濾杯的形狀頂部是一個圓形，底部
則是線條形，剖面圖的形狀看起來像扇狀。
扇形濾杯的特徵是底部有一個平面，在這個
平面上會有單個或多個出水孔，因為底部有
平面，讓水在濾杯的時間比起錐形濾杯來的
久。考慮到平底的特性，扇形濾杯多半採用

直線性肋槽，使空氣加速排出讓流速可以加快，在改良版的扇形濾杯會在底
部的平面再增加一條肋槽協助排氣的進行。扇形濾杯容易煮出口感厚實的效
果，能夠充分表現深烘焙咖啡的風味特徵，德國、日本傳統主流的咖啡愛好
者因為對於咖啡厚實口感的風味追求，通常會偏好使用扇形濾杯。

◆波浪濾杯

　　波浪濾杯（Wave）是知名咖啡品牌Kai-
lta的力作，雖然不及V60的劃時代性與風靡
程度，但是波浪濾杯也掀起了咖啡圈相當程
度的討論，其一是因為它完全沒有肋槽的顛
覆設計，其二是它容易入門卻又兼顧深度。
波浪濾杯也是頂部一個較大的圓形，底部是

一個較小有底的圓形，並且保留了三個小小的出水孔，以及支撐濾紙的凸起
溝槽，最大的特點是它並沒有內壁的肋槽。它的排氣方式是透過特殊設計的
濾紙，波浪濾杯的專屬濾紙呈波浪狀，有的人覺得它的濾紙像蛋糕體，波浪
濾紙透過它波浪形的摺邊達到一般濾杯肋槽的排氣效果。Kalite Wave最大的
強項就是不管你注水的時候有沒有均勻給水，它都會強迫水集中到中間的粉
層，手沖咖啡有一項重要的步驟是建立粉層，透過水讓咖啡粉可以均勻地鋪
蓋在濾杯的杯壁上形成一道粉牆，有的沖煮新手因為還不熟悉用手沖壺注水
導致粉牆建立得不理想，但是Kalite Wave直接幫你完成這個步驟，你只需要
在濾杯的水快濾完以前補水，基本上煮出來的味道不會太差。

手沖壺 ★ ★ ★

　　手沖壺的重要程度排在第三，與濾杯的設計一樣，手沖壺也是大小、材質跟壺嘴形狀三種差異。壺嘴形狀對風味影響最深，大小跟材質則是附加條件。怎麼選手沖壺呢？我的答案是：你喜歡就好。我的理由是，如果你喜歡這隻手沖壺你才會常用它，手沖壺最大的意義在於你熟練它，能夠把它變成手的延伸。你不愛它，把它束之高閣久久使用一次，那你的壺再貴、再高級也沒有用。熟練它，讓它成為你的手，幫你把所有咖啡好的味道通通招喚出來，才是手沖壺最重要的功能。

手沖壺選購重點① 容量大小

　　大小上，想要買什麼樣的壺都沒有關係，不過力氣小或手部曾受過傷的朋友不要買太大的壺，因為實際上使用時，是壺身重加上所承載水量的重量。一般來說，會以1000cc為界限，如果你的力氣夠或者想要一次沖煮比較多杯，可以選擇1000cc以上的手沖壺，普通人就盡量選擇1000cc以下的壺。600cc以下的壺我也不推薦，因為水量不夠溫度散失的比較快，另一個原因是在沖煮的後段可能壺會變得沒有重量感反而不好控制，所以大部分的考量都是600～1000cc之間的手沖壺。

手沖壺選購重點② 材質

　　材質上，手沖壺分成不鏽鋼、銅、琺瑯，其中銅壺因為導熱強的關係，通常保溫性差。但是如果以保溫性來討論的話，容量大小比材質影響更深，越大容量的壺能夠維持溫度的時間比較長，相對操控起來比較不容易。另外，銅壺的保養需要較多的照顧，忙碌或者比較大而化之的朋友建議買其他兩種材質。

手沖壺選購重點③ 形狀設計

　　手沖壺的構造分成手握的握把、裝水的壺身、以及出水的壺嘴。選擇握位設計良好的手沖壺會讓你操作起來事半功倍，不用花太多時間去適應

手沖壺的大小、材質、形狀都是選購可考慮的重點，但壺嘴寬窄影響出水粗細及穩定度較大，前排左邊即為細口壺，右邊則為寬口壺。

提壺，壺身的設計大概就是分成直筒型以及下寬上窄型，其實這兩種差異性不大，不過後者可以幫助你用更小的傾斜角度將水逼出壺嘴。最重要的是壺嘴的部分，根據壺嘴的設計有分細口壺與寬口壺。細口壺的特徵是壺嘴開口小，連結壺嘴與壺身的壺頸寬度是完全相同的。使用細口的手沖壺就像是一台平穩的自行車一樣，容易操控變化性小，即使今天你還不夠熟悉提壺，水流的大小粗細還是比較一致的，只要稍微克服手抖的情形，要想穩定給水是容易的。寬口壺的特徵是開口大，壺頸通常是離壺身近的部位較粗，離壺嘴的部分較細。寬口壺感覺就像是駕馭一匹有野性的好馬，

因為寬口壺對握位、對壺的傾斜角度非常敏感，它能忠實表現你的細微改變，所以很多新手拿到寬口壺都會有注水不均的情形。但是，只要你駕馭了這匹野馬，它能夠展現的沖煮方法與可能性就非常的多，寬口壺的水流也比較能夠穿透粉層進行擾動，這對咖啡釋放香氣也有很好的效果。

一把好的手沖壺，條件在於適合自己使用，能穩定注水為佳。

濾器 ★ ★ ★

濾器有分三種材質：金屬濾網、濾紙以及法蘭絨濾網，濾紙因為使用便利且能夠沖煮出乾淨風味，是目前手沖主流所使用的濾器。購買濾紙要注意形狀、大小是否吻合自己的濾杯，買錯濾紙雖然也可以使用，但是因為無法貼合濾杯，會造成濾杯原本的效果打折。

濾紙還分成無紙漿漂白、紙漿漂白兩大種，無漂白的濾紙呈現紙漿的褐黃色，漂白過的濾紙則是白色。某些廉價品牌的濾紙帶有非常強烈的紙漿味，嚴重到會影響咖啡本身的味道，以下方式可以檢測你的濾紙是否有紙漿味：將濾紙置入濾杯之中但是

由右至左的三種濾紙依形狀分為波浪形、錐形、扇形，另外還分為無漂白的褐黃色及有漂白的白色濾紙。

不要放入咖啡粉，使用高溫的水澆淋在濾紙上，濾杯底下一樣放著一個承裝液體的杯子。等到所有的熱水都穿過濾杯以後，聞聞看裝滿過濾後水的杯子是否帶有紙漿味？等到熱水稍涼以後，淺嚐一口過濾後的水，試試看有沒有紙味。除此以外，濾紙在放入濾杯前要先摺成符合濾杯的形狀，避免接縫處未完全貼合。

🍩 不同材質濾器比較

	金屬濾網	濾布（法蘭絨、不織布）	濾紙
種類			
孔眼	大	中	小
優點	保留咖啡最多的口感（Body）與滑順感	保留咖啡內的咖啡油脂，具醇厚感	沖煮咖啡的澄澈感與乾淨度高
缺點	底層會喝到少許的咖啡渣	每次用完必須清洗乾淨，否則影響風味	帶有紙漿味，使用前最好用水沖一下

◆錐形濾紙摺法

將錐形濾紙的側邊接縫處沿邊摺齊，撐開濾紙略微壓平，將突出的底部濾角尖往另一方向反摺，會更貼合濾杯使用。

1

2

3

4

5

◆扇形濾紙摺法

扇形濾紙有兩個接縫處，兩邊分別摺向不同方向。先摺濾紙側邊接縫處，轉到另一面，摺起下方的接縫處，然後將濾紙撐開，將底下兩端往內凹，會更貼合濾杯。

1

2

3

4

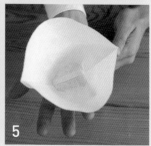

5

溫度計 ★ ★

溫度計是選配之中的重要首選，因為溫度的高低對萃取率是有實質影響的。有些朋友會用「煮沸後等幾分鐘」的方式來當作溫度的依據，但是這種方式會因為季節產生誤差值，最好的方式還是買一支簡便的溫度計放入手沖壺內測量溫度。

杯測師筆記

其他材質的濾器

不同材質濾器創造的咖啡風味各有特色，像是義式咖啡機獨特Crema，就是透過金屬濾器才能夠完整保留。耳掛包的材質是不織布，在一定程度上也能讓咖啡具有醇厚感。此外，市面上還有以陶瓷手工製作濾器，例如德國「卡爾斯巴德壺」，風味比較接近金屬濾網的效果。日本人還發明了麥飯石濾器，跟濾布一樣能夠完全阻隔咖啡粉末，缺點是沖煮時間較久，易出現積水的狀態。

量秤 ★★

　　量秤是標準化沖煮的重要工具，讓你清楚使用了多少重量的咖啡粉，以及萃取出多少重量的萃取液，能夠有效幫助你計算出粉水比。有了粉水比，你就可以比較精準掌握自己喜好的濃淡度。公版的豆勺也能部分取代量秤的功能，但同樣體積、烘焙較深的咖啡豆的實際重量會比烘焙較淺的豆子還要輕。在市場上有許多不同等級的量秤，有的單純測重量，有的進階版會附設計時功能，還有一種是能夠連線手機軟體的「智慧型咖啡量秤」，可以透過感應的方式進行語音指導的沖煮教學，很像是手沖版的定位導航系統。

豆勺 ★

　　豆勺可有可無，而且很多時候買其他器材的時候會附贈一支豆勺，豆勺的用途是可以避免雙手去碰觸到原豆，另外，比較長的豆勺可以放進咖啡豆袋內中取出豆子，比起直接倒出豆子的方式，可以減少豆袋內空氣的擾動。

承裝咖啡的玻璃壺 ★

　　在咖啡濾杯的底下必須放上一個用以承裝咖啡的容器，我建議最好使用玻璃材質的咖啡壺最不會染上異味，如果在咖啡器材店購買的玻璃壺，通常會標記容量與份數的記號，方便沖煮者知道什麼時候結束沖煮。

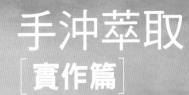

手沖萃取
［實作篇］

本篇要幫助大家在實際沖煮上達到一些方向，利用不同工具的特性來沖煮出對味的咖啡。但我希望你看完這本書有了方向以後，可以多蒐集一些咖啡師放在網路平台的沖煮示範影片，當然你也可以到鳴草的影音頻道上去看這些示範影片，如果你行有餘力，許多坊間的咖啡廳同時也會開設基礎的手沖班，你可以挑選一間方便、鄰近的咖啡館上課，前提是你要喜歡他們的咖啡。

居家簡易型沖煮

只想要手沖咖啡簡單、生活化的朋友，任何新手都適用。

● 器材需求：

☑ 能夠調整粗細的磨豆機
☑ 新鮮的水與咖啡豆
☑ 任何一款濾杯與手沖壺
☑ 沒有紙漿味殘留的濾紙
☑ 馬克杯或者任何容器

● 沖煮條件：

水溫：88℃（或將煮沸的水倒入冷卻的手沖壺，靜置30秒左右）

研磨度：中等研磨

粉水比1：14（以一平匙咖啡匙兌上一杯咖啡杯的比例去換算）

沖煮時間：2分30秒（可不計算沖煮時間，只要濾杯內不積水即可）

注水次數：3次

● 將目標量的原豆投入磨豆機進行研磨，每次投入的最少粉量建議是15～20公克（1.5～2平匙），如果低於最少粉量的萃取，新手在注水的時候比較難以操控水流。

● 每次沖煮前，別忘了預熱你的濾杯以及咖啡杯。先摺好濾紙並且使其貼合濾杯（方法參見前文），同時用熱水使濾紙完全濡濕，再將水倒掉。

● 沖煮步驟：

1. 將咖啡粉投入濾杯中，輕拍濾杯使粉層表面水平。

2. 第一次給水，從粉層的中心點也就是粉層最厚的地方開始，順時針向外以繞圈，在接近杯壁的地方停止。注意手沖壺壺嘴的位置要盡量貼齊濾杯上緣，以最小的衝擊力道把水像是鋪上去一樣。

3. 靜置片刻，此時咖啡粉會因為吸入熱水開始排氣膨脹，等待時間大概是結束注水後的20～30秒，可以依據粉層表面失去光澤作為第二次注水的參考開始點。

4. 第二次給水，這次的壺嘴位置要比第一次注水上移2～4公分，一樣以順時針向外的方向從中心給水，粉層會隨著水位上升一起移動，在水面高度低於濾杯上緣1公分處停止給水。

5. 靜置片刻，水位會隨著濾杯內的水流出而下降，此時會看到粉層在杯壁周圍形成粉牆。第三次注水的時機是在水即將流乾以前。

6. 第三次給水，與第二次給水方式相同，在水位上升至粉牆最高處前停止給水。

7. 當濾杯流出目標水量時，將濾杯移置另一個馬克杯中，沖煮即完成。

聰明濾杯應用——鏡子沖煮法

想要降低手沖失誤率、了解咖啡豆本身特性的朋友，聰明濾杯的沖煮方式可以協助降低人為沖煮造成的變因，達到穩定萃取的目的。對於想要進階濾杯的朋友，聰明濾杯的應用像是一面鏡子，可以預先讓你知道咖啡本身的味道，當你在設計風味與參數的時候可以依據聰明濾杯的風味表現進行調整。

● 器材需求：

☑ 能夠調整粗細的磨豆機
☑ 新鮮的水與咖啡豆
☑ 聰明濾杯以及任何一款手沖壺
☑ 聰明濾杯專用濾紙
☑ 馬克杯或者任何容器

● 沖煮條件：

水溫：88℃（或將煮沸的水倒入冷卻的手沖壺，靜置30秒左右）

研磨度：中等研磨

粉水比1：14（以一平匙咖啡匙兌上一杯咖啡杯的比例去換算）

沖煮時間：4分鐘

注水次數：2次

● 聰明濾杯的出水閥設計在濾杯的底部，把濾杯放置在咖啡壺或馬克杯上才會出水，未放在其他器皿上時出水閥是自動關閉，所以在沖煮的過程中只要將聰明濾杯放置在桌面上，底下不用放杯子。

● 沖煮步驟：

1. 摺好濾紙並且使其貼合濾杯，同時用熱水使濾紙完全濕潤，將水倒掉。

2. 將咖啡粉投入濾杯中，輕拍濾杯使粉層表面水平。

3. 第一次給水，從粉層的中心點也就是粉層最厚的地方開始，順時針向外以繞圈，在接近杯壁的地方停止。注意手沖壺壺嘴的位置要盡量貼齊濾杯上緣，以最小的衝擊力道把水像是鋪上去一樣。

4. 靜置片刻，此時咖啡粉會因為吸入熱水開始排氣膨脹，等待時間大概是結束注水後的20～30秒，可以依據粉層表面失去光澤作為第二次注水的參考開始點。

5. 第二次注水以順時針向外的方向從中心給水，將水位帶到濾杯的上緣處。

6. 靜置4分鐘。

7. 將聰明濾杯放置在杯子上出水閥就會開啟，此時咖啡就會從濾杯內流出。當濾杯內的咖啡完全流入杯中即完成沖煮。

進階濾杯應用——波浪濾杯

已經熟悉基礎濾杯沖煮法且想要進階的朋友，波浪濾杯是所有濾杯之中相對容易上手的一種，可以先從波浪濾杯開始練習進階的手沖技巧，算是從入門進階到專業的中繼濾杯。

● 器材需求：

☑ 能夠調整粗細的磨豆機
☑ 新鮮的水與咖啡豆
☑ 波浪濾杯以及任何一款手沖壺
☑ 波浪濾杯專用濾紙
☑ 咖啡玻璃壺
☑ 量秤（進階需要）
☑ 溫度計（進階需要）

● 沖煮條件：

水溫：92 ℃（高溫的手沖法比較要求注水的均勻度與穩定度，給水要避免忽大忽小）

研磨度：中偏粗研磨

粉水比1：14（示範比例為咖啡粉18克、給水250毫升）

沖煮時間：3分鐘

注水次數：3次

● 沖煮步驟：

1. 放入濾紙並且使其貼合濾杯，同時用熱水使濾紙完全濡濕，將水倒掉。

2. 將咖啡粉投入濾杯中，輕拍濾杯使粉層表面水平。

3. 第一次給水，從粉層的中心點也就是粉層最厚的地方開始，順時針持續繞圈不必向外，給水水量36毫升。

4. 靜置片刻，此時咖啡粉會因為吸入熱水開始排氣膨脹，等待時間大概是結束注水後的20～30秒，可以依據粉層表面失去光澤作為第二次注水的參考開始點。

5. 第二次注水以順時針向外的方向從中心給水，範圍只要控制在比五十元硬幣稍微大一點就可以，避免給水到波浪濾紙的邊緣處，給水至150毫升。

6. 靜置片刻，等待水位即將流乾前進行第三次注水。

7. 第三次給水至250毫升，等待濾杯內的水完全流乾，即完成沖煮。

● 波浪濾杯的設計是不需要摺濾紙的，可以直接把濾紙放進濾杯之中，但是要注意讓底部的濾紙可以貼合濾杯。波浪濾杯的特性在於幫助沖煮者建立勻稱的粉牆，使萃取變得更均勻，加上其沖煮比較接近浸泡式，所以在給水時不要繞太外圈，避免濾紙幫你建好的粉牆又被沖壞了。

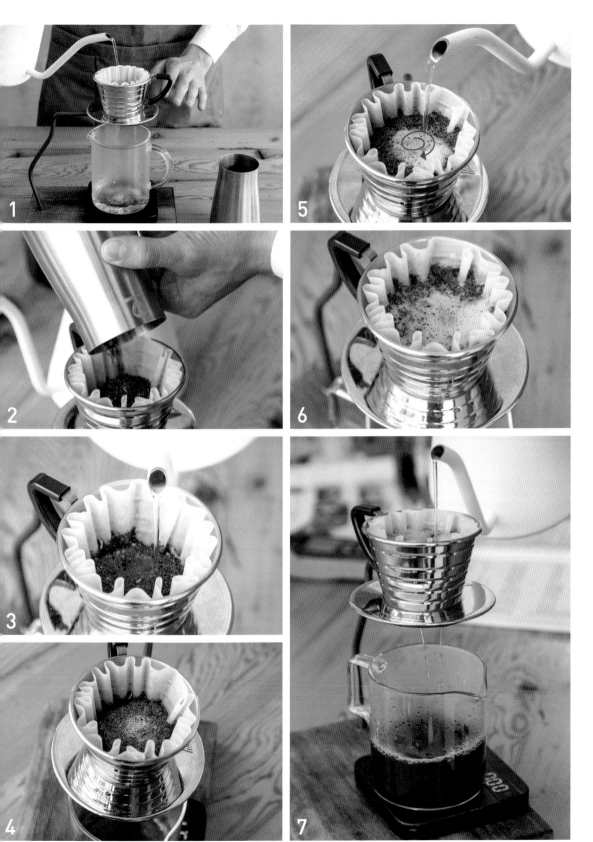

04 進階濾杯應用──扇形濾杯

扇形濾杯的強項是口感與甜感，在鳴草的咖啡吧檯裡，會利用扇形濾杯來表現日曬法的咖啡去展現其醇厚的口感，通常扇形濾杯也能帶出日曬豆深色莓果調性以及乾果調性的風味。除此以外，也適合沖煮某些深烘焙的咖啡，在理想的沖煮條件中，扇形濾杯可以將深烘焙的甘醇韻凸顯出來，藉由明顯的回甘平衡原本的苦味。

● 器材需求：

☑ 建議使用鬼齒刀盤或錐刀刀盤磨豆機（一般家用型平刀的極細粉太多，會把濾杯已經很小的出水孔塞住）

☑ 選用鈣離子較多的沖煮用水（可用市售的礦泉水，大多會標示礦物質含量）

☑ 粗口壺（建議使用Kalita大嘴鳥、月兔印手沖壺、Kalita銅製鶴嘴壺）

☑ 扇形濾杯

☑ 扇形濾紙

☑ 咖啡玻璃壺

☑ 量秤（進階需要）

☑ 溫度計（進階需要）

● 沖煮條件：

水溫： 91℃

研磨度：中等研磨

粉水比1：15（示範比例為咖啡粉20克、給水300毫升）

沖煮時間：2分45秒

注水次數：4次

● 扇形濾杯的困難點在於給水節奏一旦不對，或者第一次給水的排氣不順時，就會影響到後段的流速，讓咖啡變得又苦又澀。我會選擇由日本咖啡師田口護先生與三洋產業共同研發的「三洋有田燒扇形濾杯」，三洋濾杯是我使用過相當流暢的扇形濾杯，田口護先生其實有針對扇形濾杯在實用上的劣勢進行改良，比起他牌的扇形濾杯，這款濾杯可以降低積水的可能性，讓沖煮的好咖啡不會因為後段積水而破壞風味。

● 沖煮步驟：

1. 摺好濾紙並且使其貼合濾杯，同時用熱水使濾紙完全濡濕，將水倒掉。

2. 將咖啡粉投入濾杯中，輕拍濾杯使粉層表面水平。

3. 第一次給水，從粉層的中心點也就是粉層最厚的地方開始，順時針持續繞圈向外，扇形濾杯的繞圈方式比較接近橢圓，想像你可以透視粉層底下的濾杯杯底，扇形濾杯的杯底形狀像是一條直線，你的給水方式就是以圓弧的方式繞著這條直線，給水水量不要超過40毫升。

4. 靜置片刻，此時咖啡粉會因為吸入熱水開始排氣膨脹，等待時間大概是結束注水後的20～30秒，可以依據粉層表面失去光澤作為第二次注水的參考開始點。

5. 給水至 100毫升，方式就像是第一次給水，第二次注水的目的是要把粉層中的空氣繼續擠出來。一樣等待粉層表面失去光澤，進行第三次給水。

6. 第三次給水至220毫升，繞圈方式一樣，水量比第二次更大，要看到顆粒有在水中翻動的現象，這個時候的水位會幫你建立粉牆，等到快要流光的時候進行第四次給水。

7. 第四次給水至300毫升，與第三次的給水法一樣，但是力道比第三次更大，這個時候可以讓粉層翻動的更劇烈，強迫底層的咖啡粉與表層的咖啡粉融合。

8 扇形濾杯的沖煮方式不需要等水完全流乾，可以在達到理想水量以前就將濾杯移置其他的杯中。

進階濾杯應用——錐形濾杯

錐形濾杯是目前精品咖啡界的主流型濾杯，因為它的設計就是為了大量萃取出咖啡的香氣與甜感，在鳴草咖啡的吧檯裡，會利用錐形濾杯來表現水洗或者蜜處理的咖啡，用以強調其奔放的香氣與豐富度。除此以外，鳴草的配方調和豆以及中淺烘焙的咖啡也慣用錐形濾杯。在理想的沖煮條件下，錐形濾杯可以表現出咖啡的乾淨度以及活潑的酸質。

● 器材需求：

☑ 建議使用平刀磨豆機（研磨粗細可以比扇形時再略細一點）

☑ 選用鎂離子較多的沖煮用水（可用市售的礦泉水，大多會標示礦物質含量）

☑ 錐形濾杯

☑ 錐形濾紙

☑ 任何一款手沖壺

☑ 咖啡玻璃壺

☑ 量秤（進階需要）

☑ 溫度計（進階需要）

● 沖煮條件：

水溫：93℃

研磨度：中等偏細研磨

粉水比1：12（示範比例為咖啡粉20克、給水240毫升）

沖煮時間：2分30秒

注水次數：5次

● 在眾多造型的錐形濾杯中，我偏好使用「Hario V60陶瓷版」以及「三洋花瓣濾杯」，另外「鑽石濾杯」也是不錯的選擇。通常我會利用多次斷水法來控制錐形濾杯的流速，進而增加萃取的效果，當你的給水已經爐火純青的程度時，不妨試試用高水溫96度的一刀流沖煮法，這個方法是在第一次給水排氣以後，不斷水直到沖煮結束的玩家煮法。

● 沖煮步驟：

1. 摺好濾紙並且使其貼合濾杯，同時用熱水使濾紙完全濡濕，將水倒掉。

2. 將咖啡粉投入濾杯中，輕拍濾杯使粉層表面水平。

3. 第一次給水，從粉層的中心點也就是粉層最厚的地方開始，順時針持續繞圈向外，盡可能的讓表面都吃到水，因為錐形濾杯的粉層表面積通常比扇形大一些。給水水量到45毫升。

4. 靜置片刻，此時咖啡粉會因為吸入熱水開始排氣膨脹，等待時間大概是結束注水後的20～30秒，可以依據粉層表面失去光澤作為第二次注水的參考開始點。

5. 第二次給水至120毫升，用小水柱快速地順時針向外繞圈，讓水可以盡快把粉帶上濾杯高處形成粉牆，等到快要流光的時候進行第三次給水。

6. 第三次給水至160毫升，用小水柱快速地順時針向外繞圈，等到快要流光的時候進行第四次給水。

7. 第四次給水至200毫升，方式與前次相同，等到快要流光的時候進行第五次給水。

8. 第五次給水至240毫升，方式與前次相同，等到濾杯內的水都流乾，即完成沖煮。

手沖咖啡 Q&A

Q 01 手沖之前要不要浸濕濾紙？

A 保持浸濕濾紙的習慣比較好，有的時候濾紙的紙漿味只有在沖煮的時候才會釋放，我們不太會每次沖煮前都測試濾紙是否有紙味。但不代表不浸濕濾紙是錯的，第一，比較高級的濾紙已經去除紙漿味，第二，咖啡粉在碰到濕濾紙的當下其實就已經在進行萃取了，所以盡量不要把粉丟入濕的濾紙後，才去煮水或者做其他事情。

Q 02 咖啡嚐起來很酸？

A 嚐起來很酸，第一個你要檢視使用的豆子是不是以酸為主調性的咖啡？或者你本身其實不嗜酸？若是因為這個原因，更換你沖煮的咖啡豆是最有效的方法。第二種可能，你其實能夠接受果酸，而且這款咖啡在別人手中煮起來也沒那麼酸？那為什麼我煮的時候卻嚐起來那麼酸？比較可能的情形是因為你的咖啡萃取不足，造成其他味道無法平衡咖啡的整體口味，導致你覺得特別酸。解決的方式就是利用「溫度」、「研磨度」、「時間」三個變因去調整萃取率。第三種可能，你使用的水質造成這杯咖啡特別酸，如果你已經調來調去咖啡還是很酸，但是別人煮都沒有這個問題，你可以到超商買瓶礦泉水再煮一次，可能是你家的水質造成了酸味明顯的結果。

Q 03 咖啡嚐起來很苦？

A 先問自己有沒有買對適合自己的豆子，再來才考慮調整沖煮，苦的大部分原因是萃取過度，一樣可以透過「溫度」、「研磨度」、「時間」三個變因去調整萃取率。苦味可能跟水有關，如果你怎麼煮還是沒結果，一樣換種水來試試看。

Q 04 咖啡嚐起來很澀？

A 澀感的問題非常複雜，有很幾種可能都會造成澀感。第一個是原料部分，在咖啡生產的過程中有太多未成熟的瑕疵豆混入成品之中，造成末端咖啡沖煮時的生澀感；二，烘焙時不正確的加溫，造成咖啡豆並沒有完全烘熟；三，手沖時的水流忽大忽小，造成過度萃取；四，磨豆機的細粉太多，也會造成過度萃取；五，沖煮用水是軟水，造成過度萃取。前兩種情況可以利用聰明濾杯的煮法或者杯測進行分辨，三及四的部分則有賴於你自己的觀察，五的話可以詢問家裡的濾水器廠商，或者上網搜尋居住地的水質。

Q05 手沖壺壺嘴離濾杯很遠會影響什麼？

Ⓐ 有的人會把手沖壺拿的離濾杯很遠像沖印度拉茶一樣，呃，拉茶注水法比較像是在摑咖啡的臉，沒有人被打臉是高興的，所以咖啡也不會給你好臉色看。應該保持什麼樣的距離才是正確沖法？其實你可以觀察每一種不同的手沖壺從壺嘴倒出的水流都有其極限的距離，一旦超過那個距離水流就會開岔，分岔以後的水就不是水流而是水滴了，在手沖咖啡的沖煮上，水滴比較沒有穿透力無法穿過粉層，所以如果你的給水常常開岔，那就會導致粉層表面過度萃取，但是內部萃取不足的情形發生。建議把自己手沖的過程錄下來吧！有的時候，因為你太專心沖咖啡，根本不知道自己的水流長什麼樣子。

Q06 悶蒸是什麼？

Ⓐ 悶蒸是手沖的一個術語，就是先利用小水流讓咖啡粉預先吃水達到排氣的效果，這會讓接下來的萃取更加順暢。我會比較希望使用「預浸」（pre-brew）的觀念，越理想的預浸可以增加後段萃取的成功率，相反地，如果預浸階段不理想的話，常常也會導致後段的沖煮變得十分困難，所以這個階段的給水手法是手沖技巧之中很重要的一環。

Q07 如果手沖的時候遇到積水堵塞怎麼辦？

Ⓐ 如果是在煮的當下塞住，那你可以試試看用更大的水柱把細粉沖開。當你發現你手沖的時候，常常有積水的情形，可能原因如下：一、粉磨得太細或者磨豆機產生的細粉太多；二、你的預浸方式不對；三、濾杯設計不良，只要針對原因進行改善就可以解決積水的問題了。

Q08 為什麼我煮完咖啡以後的粉層上面有一層像泥漿的東西？

Ⓐ 那層泥漿就是細粉吸水飽和後的結果，其實在煮完以後吸飽水的細粉在表層是比較好的情形，你不會希望這些貌似泥漿的東西出現在底部，那會讓你的濾杯積水非常嚴重。如果泥漿的情形是以前沒有現在突然發生，代表你的磨豆機刀盤已經鈍掉了。

Q09 咖啡要多新鮮才好？

A 不好回答，剛出爐的咖啡雖然新鮮但不適合沖煮，因為太過新鮮的咖啡豆內部還有很劇烈的變化，也會因為排氣旺盛造成萃取上的困難度。除此之外，每一個烘豆師都有自家的烘焙方法，造成咖啡豆有不同的養豆時間，依據我個人的經驗與喜好，咖啡豆在出爐後兩到三週會是最好的賞味期，但也有一些店家的豆子要放到一個月才會到風味高峰，這只有依靠自己品嚐的經驗。
比起咖啡豆的新鮮度，更需要注意購買回來的咖啡豆保存在什麼樣的環境下，咖啡豆在「不透光」、「不接觸空氣」、「不接觸濕氣」的情形下最能夠保質，如果你所處的環境剛好相反，即使這款豆子剛出爐沒多久，也可能會快速地衰敗。

Q10 手沖要不要篩細粉？

A 如果影響到你沖煮的話就篩吧！或者你覺得每次煮起來都太澀的話，也可以篩掉。但是細粉並不是全然的反派角色，適度的細粉能夠幫助咖啡提升層次感與香氣，沒有細粉的手沖雖然乾淨無雜味，卻也有可能使香氣變得很平庸。

Q11 豆子可以放冰箱保存嗎？

A 可以，如果你有一台專門放咖啡的冰箱。

Q12 煮過的咖啡粉能不能再煮第二遍呢？

A 我試過一些比較頂級的咖啡豆，如果用熱水進行二次沖煮還會有很多香氣表現。但是，大部分的咖啡豆在經過第一次萃取以後，已經把大部分好的物質都煮出來了，二次萃取會出現的結果比較多是難喝苦澀的物質。

Q13 為什麼要鋪平咖啡粉？

A 如果粉層高低不平，容易造成流速不均，流速不均則帶來萃取不均，咖啡就不會好喝。

Q14 要怎麼判斷該使用什麼水溫？

A 入門版的答案是淺焙用高溫92度，深焙用低溫86度，原因是淺焙咖啡的密度比較高，揮發性高的芳香物質較多，利用高溫可以把這些物質萃取進到咖啡。要用低溫沖煮深焙咖啡，因為深焙豆子的結構比較鬆散，太高溫很容易過度萃取，所以選擇低溫。至於高階版的答案是任何溫度都可以，基本上只要控制好研磨度、溫度、時間三者的關係，其實高溫或低溫都不是問題。

Q15 手沖給水的方式一定要是順時針嗎？

Ⓐ 你可以試試看逆時針，如果覺得味道沒有差的話，代表兩種方式都可以，我覺得咖啡是一種生活上的自由，所以太過嚴肅會喪失很多趣味性。

Q16 銅製的器材是不是具有保溫性？

Ⓐ 錯，銅的導熱程度僅次於銀，所以熱量會很快流失掉，不過因為導熱程度高，所以銅製的器材通常不會有溫度不均的問題。

Q17 手沖的咖啡粉層要挖洞嗎？

Ⓐ 有些人覺得在咖啡粉層中間挖洞就可以讓濾杯中間比較深的部分與外側比較淺的部分達到平衡，根據我自己的實驗來看，相同沖煮參數的情況下，有沒有挖洞其實不太容易喝出來。比起挖洞，你應該更注意濾杯內的粉牆有沒有勻稱。

Q18 為什麼要有溫度計跟秤？

Ⓐ 不要把它們當作一種限制，把它們當作咖啡與你對話的方式，當你透過這些工具知道更多訊息以後，你更能回應這款咖啡所要傳達的風味。溫度計與秤不僅能有效幫助你修正沖煮，對於「穩定煮出好咖啡」也是很有幫助的。

Q19 可以不買手沖壺嗎？

Ⓐ 可以，如果你拿茶壺倒出來的水很穩的話，不用手沖壺也可以啊，我自己就有一款三公升的水壺會拿來煮手沖咖啡。不過奉勸新手在初期用一款順手的手沖壺，它可以幫助你克服手沖會遇到的不同困難，手沖咖啡有太多變數，有一支順手的手沖壺可以減少一個變數，讓你事半功倍。

尋味咖啡

跟著杯測師認識咖啡 36 味，找到最對味的咖啡

作　　　　者	王人傑
協 力 企 畫	本是文創・胡文瓊
封 面 設 計	巫麗雪
內 頁 排 版	簡至成
插　　　　畫	郭晉昂
攝　　　　影	王茜瑜
行 銷 企 劃	林瑀、陳慧敏
行 銷 統 籌	駱漢琦
業 務 發 行	邱紹溢
責 任 編 輯	賴靜儀
總 編 輯	李亞南
出　　　　版	漫遊者文化事業股份有限公司
地　　　　址	台北市松山區復興北路331號4樓
電　　　　話	(02) 2715-2022
傳　　　　真	(02) 2715-2021
服 務 信 箱	service@azothbooks.com
網 路 書 店	www.azothbooks.com
臉　　　　書	www.facebook.com/azothbooks.read
營 運 統 籌	大雁文化事業股份有限公司
地　　　　址	台北市松山區復興北路333號11樓之4
劃 撥 帳 號	50022001
戶　　　　名	漫遊者文化事業股份有限公司
初 版 一 刷	2019年7月
初 版 5 刷 -1	2021年8月
定　　　　價	台幣399元

ISBN　978-986-489-350-8
版權所有・翻印必究（Printed in Taiwan）
◎本書如有缺頁、破損、裝訂錯誤，請寄回本公司更換。
◎本書部分圖片由PIXTA 授權提供，部分為私人提供。

國家圖書館出版品預行編目 (CIP) 資料

尋味咖啡：跟著杯測師認識咖啡36 味, 找到最對味的
咖啡 / 王人傑著. -- 初版. -- 臺北市：漫遊者文化出版：
大雁文化發行, 2019.07
160 面；17×23 公分
ISBN 978-986-489-350-8(平裝)
1. 咖啡
427.42　　　　　　　　　　　　　　　108009249

漫遊，一種新的路上觀察學
www.azothbooks.com
 漫遊者文化

遍路文化
on the road
大人的素養課，通往自由學習之路
www.ontheroad.today
漫遊者文化・線上課程